지구를 떠도는 위험한 물질

전 세계로 확산하는 화학물질의 영향

지구를 떠도는 위험한 물질

Dichloro-Diphenyl-Trichloroethane

Polychlorinated Bipheny

Dioxine

microplastic

전 세계로 확산하는 화학물질의 영향

일본환경화학회 편저

김영일·김성수·조현서 역

전남대학교출판문화원

■ 저자 서문

인류는 지금까지 수많은 화학물질들을 만들어 왔다. 또한 미국 화학회가 구축한 CAS(Chemical Abstracts Service)의 data base에 등록되어 있는 화학물질의 수가 2015년을 기준으로 「1억개」를 넘어섰다[1]. 그리고 등록된 화학물질에는 천연물질도 많이 포함되어 있기 때문에 CAS의 모든 화학물질이 인류가 만들어낸 것은 아니다. 그러나 과학기술의 발전과 함께 새로운 인공화학물질의 등록수가 매년 증가 일로를 걷고 있다는 것은 틀림없는 사실이다.

일본에서는 미나마타병과 같이 환경오염에 기인하는 질병으로 심각한 피해를 경험하였고, 이에 대한 반성을 바탕으로 1970년대 초반에 다양한 대책과 규제가 이루어 졌다. 그 결과, 눈에 보이는 형태의 환경오염은 개선되어 문제가 없어진 것처럼도 생각되었다.

그러나 전 세계에 수많은 화학물질이 존재하고 있으며, 매일 그 수가 계속해서 늘어나는데도 새로운 문제는 전혀 일어나지 않은 것일까?

실제로 21세기에 들어설 무렵부터 「다이옥신」 및 「환경호르몬」과 같은 화학물질을 둘러싼 문제는 새로운 단계(stage)에 들어서 있다.

해충을 구제할 목적으로 만들어져 밭과 논 등에서 사용된 농약이 멀리 떨어진 북극권의 대자연 속에서 생활하고 있는 북극곰과 넓은

1) CAS에 등록된 화학물질수는 2020년 현재 1억5천 만개에 달함.

바다를 헤엄쳐 다니는 돌고래의 체내에서 매우 높은 농도로 검출되고 있다. 또한 일상에서 편리하게 사용되는 플라스틱은 하천을 통해 바다로 흘러 들어가 열화劣化되는 도중에 작은 크기로 쪼개져 대륙에서 아주 멀리 떨어진 태평양 한가운데까지 운반되고 있다는 것도 알게 되었다.

바다를 떠다니는 플라스틱을 바닷새와 고래 등이 먹이로 착각하여 잘못 섭취하는 사례도 다수 보고되고 있다. 더욱이 다른 나라로부터 $PM_{2.5}$라고 불리는 미세한 입자가 대기를 경유하여 일본으로 날아오는 모습도 관측되고 있다. 결국 화학물질을 둘러싼 문제에 새롭게 「지구를 떠돌다」라는 키워드가 떠오른 것이다. 즉 과거의 미나마타병과 같이 환경오염이 초래한 질병은 일본 국내만의 문제가 아니라 전 세계적으로 문제를 해결하고, 대책을 세워나가야 할 시대로 들어서고 있는 것이다.

그러면 화학물질이 인간 사회에 끼치는 영향에 대해서는 어떻게 이해되고 있을까? 예를 들면 사람의 건강에 미치는 영향에 대해서는 환경오염이 원인인 질병이 발생했던 당시와 같은 높은 농도의 화학물질에 노출되는 경우는 거의 없어진 반면에, 최근에는 그동안 문제로 여겨지지 않았던 극히 낮은 농도에서도 태아와 유아에 악영향을 주는 화학물질의 존재가 밝혀지고 있다.

또한 최근 알러지성 질환 환자의 증가는 의식주 등 라이프 스타일(life style)의 변화에서 기인하는 새로운 화학물질에 대한 노출이 관여하고 있는 것도 시사되고 있다. 더욱이 화학물질이 자연계의 생물에 미치는 영향은 생물종뿐만 아니라 때로는 개체들 사이에서도 차이가 나타나는 것으로 알려져 있다. 즉, 화학물질의 수가 계속 증가하고 있어 화학물질이 미치는 영향에 대해서는 지금까지 이상으로 대책과 주변 환경을 세분화하면서 생각해야 하는 것이다.

지금부터 약 10년 전 미국의 엘 고어(Al Gore) 부통령이 출연하여 세계 각 지역에서 환경문제를 호소하는 모습을 기록한 다큐멘터리 영화 『불편한 진실』이 방영되었다. 이 영화는 인류가 보다 편리하고 쾌적한 사회를 추구한 결과, 온실효과가스인 이산화탄소의 방출량이 증가하여 지구규모의 기후변화가 일어나고 있는 현상에 대해 경고하고 있다.

이 책은 일선에서 활약하고 있는 환경화학자들이 지금까지 그다지 알려지지 않았던 「지구를 떠도는 위험한 물질」에 대해서 기술한 것이다. POPs(Persistent Organic Pollutants, 잔류성유기오염물질), 마이크로플라스틱(microplastic), 초미세먼지($PM_{2.5}$)와 수은 등 다양한 물질을 대상으로 하고 있다. 그리고 이러한 물질들이 어떻게 지구를 순환하고 있는지, 사람과 자연계의 생물에 어떠한 영향을 주는지, 또한 각각에 대해서 무엇을 어디까지 알고, 무엇을 아직 모르는지, 어떻게 판단하고 행동하는 것이 중요한지 등 최신의 정보를 상세하게 설명하고 있다.

이 책을 통하여 지구를 떠도는 위험한 물질의 현재 상황을 이해하고, 이 책을 유익하게 읽은 젊은이들 중에서 환경화학 분야를 전공(또는 목표로)하는 사람들이 많이 나타나기를 바라마지 않는다.

■ 역자 서문

이 책은 POPs(Persistent Organic Pollutants, 잔류성유기오염물질), 마이크로플라스틱(microplastic), 초미세먼지($PM_{2.5}$)와 수은과 같은 중금속이 지구를 어떻게 순환하고 있는지, 사람과 자연계의 생물에 어떠한 영향을 미치는지, 또한 각각에 대해서 무엇을 어디까지 알고, 무엇을 아직 모르는지, 어떻게 판단하고 행동하는 것이 중요한지와 같은 최신의 정보들을 상세하게 설명하고 있다.

잔류성유기오염물질은 독성이 강하고, 생물농축성과 생태계에서 잔류성이 높으며, 장거리를 이동하는 특성을 가진 물질이다. 특히 생태계의 먹이사슬을 통하여 생물의 체내에 축적되어 면역체계 교란, 중추신경계 손상 등을 초래하는 물질이다. 이러한 물질들을 지구규모에서 체계적으로 관리하기 위하여 2001년 5월에 90개 국가가 서명한 「스톡홀름 협약」이 채택되어 2004년 5월에 발효되었고, 우리나라는 2007년 1월 25일에 비준하였다. 이 협약에서는 최초 12종의 물질이 관리가 필요한 물질로 지정되었다. 이후 지속적으로 추가 지정되면서 현재는 의도적 물질 28종과 비의도적 물질 7종이 지정되었지만, 헥사클로로벤젠, 펜타클로로벤젠, PCNs, HCBD, PCB 등 5종이 부속서 A와 C에 모두 지정되어 현재는 총 30종의 물질이 지정되어 있다.

1962년 해양생물학자이며, 환경운동가인 레이첼 카슨이 살충제와 살균제의 무분별한 사용을 고발한 책 「침묵의 봄」에서는 “느릅나무에 피해를 주는 해충을 구제하기 위해 뿌려진 DDT(디클로로디페닐트

리클로로에탄)의 독성이 먹이사슬을 통해 어떻게 전달/농축되어 결국 종달새의 노랫소리가 들리지 않는 침묵의 봄을 초래했는지"를 생생하게 묘사했다. 이 책이 발간되면서 미국의 환경정책을 바꿔 놓았으며, 그 파급 효과는 전 세계로 퍼져나갔다.

우리나라에서는 국제협약에 따라 이들 물질들에 대한 규제와 모니터링을 실시하고 있으며, 그 결과 스톡홀름 협약 발효 당시 지정되었던 12종의 물질 역시 감소하고 있다. 그러나 신규 POPs 물질들 중 일부 화합물은 비교적 높은 수준으로 검출되고 있기 때문에 이러한 새로운 물질들에 대한 종합적인 조사 연구가 필요한 실정이다.

플라스틱은 우리의 일상생활 속에 깊숙이 파고들어와 있으며, 일반인이 일어나서 일상생활을 한 후 잠자리에 들 때까지 플라스틱과 접하지 않고는 1분도 생활할 수 없다. 이와 같이 인간이 만들어내는 플라스틱은 매년 480~1,270만 톤 정도가 해양으로 유입되고 있다고 알려져 있으며, 현재와 같은 속도로 증가한다면 2050년에는 바다에 물고기보다 플라스틱이 많아질 수 있을 것이라는 예측도 있다. 마이크로플라스틱은 2004년 리처드 톰슨이 국제학술지 "사이언스"에 마이크로플라스틱에 대한 논문을 게재하면서 공론화되었고, 우리나라에서는 2011년 5월에야 "환경스페셜"에서 어류의 뱃속에서 마이크로플라스틱이 발견되었다는 보도가 있었다. 2016년에는 화장품류 세안제, 샤워젤, 필링제품, 주름개선 화장품, 메이크업 혹은 립스틱(립그로스, 립라이너), 나이트크림, 마스카라, 아이라이너, 치약, 각질 제거제, 공업용 연마제, 청소용품 등에도 마이크로플라스틱(마이크로 비드)이 사용되고 있다고 언론에 보도되면서 국민의 관심이 점차 높아지게 되었다.

한편 미세먼지는 2006년 10월 17일 무렵 수일에 걸쳐 전국 대도시에 스모그 현상이 나타나면서 미세먼지에 대한 관심이 집중되었고,

초미세먼지에 대해서는 2013년 12월 5일 오후 4시에 우리나라에서는 최초로 서울시에서 초미세먼지 주의보를 발령하면서 국민의 관심이 높아졌다. 또한 세계보건기구(WHO) 산하 국제암연구소(International Agency for Research on Cancer, IARC)에서 미세먼지를 1군(Group 1) 발암물질로 분류하면서 사람들의 관심이 더욱 고조되었다. 환경부 대기정보 포털 "에어코리아"에 따르면, 2016년 10월부터 2017년 5월까지는 미세먼지(PM_{10})와 초미세먼지($PM_{2.5}$) 특보가 총 8회 발령되었으며, 2017년 10월부터 2018년 5월까지는 14회, 2018년 10월부터 2019년 5월까지는 총 23회가 발령되었다. 특히 2019년 2월 28일 오후 4시에 발령된 초미세먼지 주의보는 3월 5일 오전 1시가 되어서야 해제되는 등 특보 발령 횟수도 늘어나지만 유지기간도 매년 늘어나는 추세이다.

「수은에 관한 미타마타 조약」은 수은 및 수은화합물의 노출로부터 인간 건강과 환경보호를 위해 유엔환경계획에서 2013년 채택하고, 2017년 8월에 발효되었다. 우리나라는 2014년 9월에 이 조약에 서명한 이후 협약에 포함된 의무사항을 국내에서 이행하기 위해 법제도 정비를 추진하였다. 이 조약이 발효된다는 뉴스가 나오면서 국내에서는 한동안 혼란이 일어났던 기억이 아직도 생생하다. 우리나라 식품의약품안전처(식약처)에서는 2014년 8월에 참치와 같은 생선에 들어있는 수은 논란에 대해 "임산부, 가임여성, 수유모는 주1회 100g 이하로 현명하게 섭취하는 것이 좋다"고 밝히면서 혼란은 더욱 가중되었다. 2017년에는 식약처에서 임산부의 참치캔 섭취 문제와 관련하여 "임신 여성의 생선 안전섭취 요령"이라는 책자를 발간하였고, 여기서는 "임신 기간 동안 일반어류와 참치통조림의 경우는 일주일에 400g 이하로 섭취하는 것이 적당하다"고 밝혔다. 또한 식약처는 참다랑어, 날개다랑어 등 다랑어류, 새치류, 심해성 어류를 섭취할 경우에는 일주일에 100g 이하가 적당하다고 명시하였다. 일본이나 미국의 경우 구체적으로 자국 국민들이 자주 섭취하는 다양한 어류를 대상으로 어린이, 임산부 등 상세한 구분과 섭취권고량을 적시하고 있다. 환경부는 2015년 12월에 "수은에 관한 미나마타협약"의 발효에 대비하여 2016년부터 향후 5년 동안 협약의 효율적인 이행과 함께 "탈脫수은사회"로 전환할 수 있는 사회적 기반을 마련하기 위한 "수은관리종합대책(2016~2020)"을 수립하였다.

해양수산부는 정부의 종합대책에 따라 2018년부터 해양환경에 대한 메틸수은 모니터링을 시작하고 있다. 또한 해양환경공단은 미국 환경보호청(EPA)의 분석법보다 과정을 단순화한 신속분석법을 2017년에 개발하여 2019년에 상용화에 성공함으로써 해양환경에 대한 유기수은 감시기반을 공고히 할 수 있었다. 특히 유기수은은 해양생물에 농축될 수 있기 때문에 환경시료에 대한 감시는 물론 해양생물에 대한 감시활동도 강화되어야 할 것으로 판단된다.

이와 같이 우리를 둘러싸고 있는 환경에는 인류가 의도적으로 만들었거나 의도하지 않았지만 우리가 인지하지 못하는 사이에 다양한 형태의 화학물질들이 존재하고 있으며, 이러한 화학물질들 중에 독성을 가진 물질들은 우리 인간을 포함한 지구생태계를 위협할 것이다.

이 책을 통하여 우리가 살아가는 환경에서 우리를 위협하는 물질들에 대해 조금이라도 이해할 수 있는 계기가 되었으면 하는 바람과 환경분야를 연구하고자 하는 젊은이들 중에서 환경화학 분야를 전공(또는 목표로)하는 사람들과 환경분야 정책을 추진하는 공무원들이 참고도서가 되기를 바라는 마음을 담았다. 끝으로 이 책의 집필과 교정에 도움을 주신 한국해양과학기술원 동해연구소 최문정 선생과 해양환경공단 박보미 대리에게 감사드린다.

목 차

지구를 떠도는 위험한 물질

■ 목 차

저자 서문 **시바타 야스유키**柴田康行 04

역자 서문 **역자 일동** 07

프롤로그 **지구를 떠도는 위험한 물질이란?** — 17

시바타 야스유키柴田康行

화학물질이 지탱하는 현대사회 — 17

「위험한 물질」이란? — 18

위험한 물질의 특징 — 21

북극권 - 화학물질의 최종집결지 — 23

제1부 지구를 떠도는 인류가 만들어낸 화학물질 — 27

제1장 **전 세계로 퍼져나가는 POPs오염** — 28

해양포유류의 화학물질 오염과 개발도상국의 다이옥신 오염

타나베 신스케田辺信介·**쿠니스에 타츠야**国末達也

전 세계로 확산하는 POPs오염 — 28

세토내해에서 아시아와 세계로 확산된 POPs 연구 — 30

해양포유류의 이상한 오염 — 32

세대간의 POPs 이동 — 34

지구를 떠도는 위험한 물질 「POPs」의 행방 — 37

개발도상국의 다이옥신 오염 — 39

쓰레기 집하장 주변의 토양오염 — 43

주변 주민의 모유 조사 — 44
유아에 미치는 위해성(risk) — 47
가축으로도 퍼진 다이옥신 오염 — 48
유해물질의 저장고인 쓰레기 집하장 — 51

제2장 **마이크로플라스틱「위험한 배달부」** — 53
타카다 히데시게高田秀重

전 세계 바다로 확산되는 마이크로플라스틱 — 53
지구를 떠도는 위험한 배달부의 근원 — 55
플라스틱 쓰레기가 되는 다양한 플라스틱 제품 — 57
플리스 세탁도 마이크로플라스틱의 공급원 — 60
전 세계 바다를 떠도는 플라스틱 — 64
바다생물의 플라스틱 섭취 — 67
위험한 운반체가 나르는 오염물질 — 73
생물체내로 위험한 물질의 이동과 축적 — 82
오염의 급속한 진행 — 87
일회용 플라스틱의 저감 — 89

제3장 **전 세계를 떠도는 수은** — 91
야마카와 아카네山川茜

수은의 특징과 사용 역사 — 91
수은의 화학적 특징 — 92
수은에 매료된 위인들 — 95
1850년 이후 지구 규모의 급격한 수은오염 — 99
수은오염 최대의 피해「미나마타병」 — 102
환경으로 방출된 수은이 어류에 흡수되는 과정 — 105
대기의 수은 관측 — 111
중금속을 규제한 최초의 국제협약 — 113
우리가 할 수 있는 수은 오염대책 — 115

COLUMN 수은의 거동 파악을 위한 최신 분석기술 — 117

제4장 또다시 등장한 위험한 물질 「중금속」 — 121

일본의 4대 환경오염 기인 질병부터 월경오염까지

사카타 마사히로坂田昌弘

일본의 4대 환경오염 기인 질병의 원인 「중금속」 — 121
원소의 필수성과 독성 — 123
일본의 중금속 환경오염 — 127
새로운 문제 「월경오염」의 가능성 — 129
「월경오염」의 포착 — 131
하늘에서 떨어지는 중금속 — 134
주상퇴적물 시료에 기록된 월경오염 가능성 — 138
중금속에 의한 환경문제의 미래 — 141

제5장 미지의 오염물질 $PM_{2.5}$ — 142

원인과 기원

후시미 아키히로伏見曉洋

누구나 알지만 아무도 모른다 — 142
$PM_{2.5}$는 맹독물질? — 143
$PM_{2.5}$의 구성 성분 — 145
$PM_{2.5}$의 발생 — 151
$PM_{2.5}$의 발생원 — 151
월경오염(외국)의 기여도 — 156
국가와 개인이 가능한 대책 — 158
앞으로의 전망과 과제 — 160

제2부 위험한 화학물질의 영향 — 163

제6장 소아의 발달과 메틸수은의 영향 — 164

나카이 쿠니히코仲井邦彦

임산부의 주의 환기 — 164
메틸수은과 미나마타병 — 166

국외의 선행연구 결과 — 169
토호쿠 지역의 코호트 조사 — 172
낮은 농도의 메틸수은 노출 영향 — 174
영향의 크기 — 176
위해성(risk) 관리와 기준값 — 178
메틸수은 섭취를 줄이는 방법 — 183
매일 60g의 생선 섭취로 사망률 12% 감소 — 183

제7장 **화학물질에 의한 면역 시스템 이상** — 189
면역교란과 알러지 질환
오타 소우이치太田壯一

낮은 농도의 화학물질 노출에 의한 건강 영향 우려 — 189
생체항상성의 교란과 알러지 질환의 증가 — 190
방어벽을 통과한 화학물질로 인한 면역계 교란 — 194
COLUMN 알러지란 무엇일까? — 197
소화관을 모방한 면역교란 간이검출법의 개발 — 200
면역교란물질의 작용기구 탐색 — 202
유해화학물질에 의한 모유의 면역관용 파열 — 205
향후 환경독성연구의 방향 — 210

제8장 **독에 강한 동물과 약한 동물** — 212
해독효소를 통한 화학물질과의 공방
이시즈카 마유미石塚眞由美

독성 화학물질로부터 몸을 지키기 방법 — 212
구토는 최대의 방어 — 213
방어벽에 의한 화학물질 차단 — 215
생체방어의 마지막 보루 — 217
화학물질 적응전략에서 효소의 역할 — 220
해독효소 종류의 차이 — 222
해독효소 효능의 개체 차이 — 226
살충제의 내성 — 228

PCB의 내성 229
취약에 대한 저항성 230
취약 민감도의 차이 233
정의사도, 하지만 가끔은 악역 236
향후 동물의 화학물질 민감도 연구 237

에필로그 **화학물질을 둘러싼 대립** 238
스즈키 노리유키鈴木規之

이 책에서 소개한 위험한 물질은 어떨까? 241
위해성 평가와 대책 243
위험한 물질의 대응방법 245

집필자 소개 250
참고문헌 253
찾아보기 260

프롤로그

지구를 떠도는 위험한 물질이란?

화학물질이 지탱하는 현대사회

우리들의 일상생활은 편리하고 도움이 되는 다양한 화학물질이 지탱하고 있다. 매일 생활에 이용되고 있는 화학물질의 수는 약 5만 또는 10만 종류 정도라고도 알려져 있다. 이 중에서 1/10 정도의 화학물질은 연간 1,000톤이 넘는 양으로 제조되어 출하되고 있다. 「그렇게 많이 이용하고 있어?」라고 놀라는 사람도 있을 것이다. 그러면 우선 매일 일상에서 사용하고 있는 화학물질을 살펴보자.

매일 사용하는 것으로는 세제, 샴푸, 치약과 같이 의류와 몸(신체), 식품 등을 깨끗하게 유지하기 위한 제품들이 있다. 이러한 제품에는 더러운 것을 씻어내는 것을 돕는 물질(계면활성제)와 박테리아의 증식을 억제하는 물질(항균제) 그리고 좋은 냄새가 나는 향료가 첨가되어 있다. 디욱이 이들 제품 중에는 스크럽(scrub)이라는 더러운 것을 제거하는데 도움을 주기 위한 플라스틱 재질의 작은 입자가 포함되어 있는 경우도 있다.

각 가정에 있는 TV나 PC와 같은 플라스틱 제품에는 플라스틱을 적당히 부드럽게 하기 위한 가소제可塑劑와 태양광에 의해 열화劣化되는 것을 방지하기 위한 자외선흡수제 그리고 화재의 확대를 막기 위해 제품의 연소를 억제하는 난연제難燃劑 등이 첨가되어 있다.

또한 우리가 매일 먹는 음식물에는 맛있게 보이기 위한 색소와 식욕을 돋우기 위한 향료 그리고 칼로리가 적은 인공감미료와 같은 다양한 식품첨가물이 사용되고 있다. 또한 작물을 키울 때는 해충과 병원균, 잡초로부터 작물을 보호하면서 잘 키우기 위해 각종 농약이 사용되고 있다.

이와 같이 우리의 일상에서 조금만 눈을 돌려도 편리성이 높은 많은 화학물질이 사용되고 있는 것을 알 수 있다. 현대사회에서 살고 있는 우리는 의식하지 못하는 사이에 셀 수 없을 정도로 많은 화학물질의 힘을 빌려 풍요롭고 안전한 생활을 영위하고 있는 것이다.

그렇지만 이렇게 많은 물질 중에는 도움도 되지만, 어떤 불편한 성질도 가지고 있어서 조심해야 하는 물질과 사용하면 안 되는 물질도 있을 것이다.

「위험한 물질」이란?

인류가 지금까지 만들어 낸 화학물질 중에는 편리한 성질만 있는 것이 아니다. 사람 또는 자연계 생물에게 생각지도 못한 독성이 있는 것이 밝혀져 나중에 사용이 금지된 물질도 있다.

그러한 전형적인 물질이 DDT(DDTs라고도 표기함)과 같은 농약이다. 농약은 농작물과 가축에 피해를 주는 해충과 잡초에 독성을 가진 물질로 인류는 이러한 농약의 특징을 잘 이용하여 식량생산을 증대해 왔다. 한때는 DDT와 같은 유기염소계 살충제는 효능이 강하고 오래 지속되지만 사람에게는 급성독성이 약한 농약으로서 전 세계에서 사용되었다.

그러나 후에 DDT는 환경에 오래 남아 있으며, 해충 이외의 자연계 생물(예를 들면 조류 등)에도 농축되어 악영향을 미치는 것이 밝혀졌다. 이 문제는 미국 내무부 어류야생동물보호국(USFWS, United States Fish and Wildlife Service)의 생물학자였던 레이첼 카슨(Rachel Carson)의 저서 『침묵의 봄(Silent Spring)』(1962)으로 널리 알려지게 되었고, 현재 DDT의 사용은 말라리아의 매개가 되는 모기를 구제하는 목적을 제외하면 전 세계에서 엄격하게 규제되고 있다.

최근의 농약은 해충에는 효과적으로 작용하지만 사람과 포유동물에는 독성이 약하고, 먹이사슬을 통한 농축은 쉽게 일어나지 않도록 디자인되고 있다. 다만 해충 이외의 곤충과 곤충에 가까운 새우 등에도 독성을 가지는 것이 많기 때문에 사용할 때에는 생태계에 미치는 영향을 주의할 필요가 있다.

농약처럼 그 물질이 가진 독성을 이용할 목적으로 만들어진 것이 아닌데도 많이 제조되어 사용된 결과, 나중에 독성이 문제가 되어 제조 중지가 된 화학물질도 적지 않다. 폴리염화비페닐(PCB)도 그 중 하나이다.

PCB는 화학적으로 안정하여 쉽게 열 분해되지 않고, 전기절연성이 뛰어나다는 특징 때문에 변압기(transformer)와 콘덴서(condenser)의 절연유, 가열하기 위한 열매체, 가소제와 무탄소 복사용지(carbonless copy paper) 등 다양한 목적으로 사용되어 왔다. 일본에서의 사용량은 총량으로 54,000 톤이나 된다.

그러나 1968년에 식용유 제조과정에서 PCB가 섞여 들어가 사람의 건강에 큰 피해를 끼친 사건(유증사건油症事件)이 발생하였고, 그로 인해 일본에서는 1972년에 PCB의 제조와 사용이 금지되었다. 게다가 최근에는 화재의 확대를 방지하기 위한 난연제에서도 독성을 가진 물질이 발견되어(폴리브롬화디페닐에테르(PBDE) 등) 국제적으로 사용이 금지되었다.

독성을 가진 화학물질이라고 하면, 다이옥신이라는 이름을 떠올리는 사람도 있을 것이다. 실제로 인류가 만들어낸 가장 강한 독성물질이라 불리는 다이옥신은 무엇인가에 도움이 되고자 만들어낸 물질은 아니다. 다이옥신은 물질을 태우거나 다른 화학물질을 합성할 때 함께 만들어지는 물질이고, 안정하기 때문에 좀처럼 파괴되지 않으며, 물에도 쉽게 녹지 않고, 기름에 잘 녹는 성질을 가진다. 이렇게 다이옥신처럼 의도하지 않았는데 생성된 물질을 비의도적非意圖的 생성물질이라고 부른다.

다이옥신과 PCB, PBDE 등은 미량일지라도 환경으로 방출된 후에 먹이를 통하여 생물에 농축되어 먹이사슬의 상위에 있는 생물에서 높은 농도로 축적된다. 이 때문에 사람과 돌고래, 고래류와 같이 생태계의 상위에 있으면서 수명이 긴 생물은 이러한 오염물질이 장기간에 걸쳐서 체내에 계속 축적된다.

플라스틱도 최근 문제가 되는 「위험한 물질」이다. 화학적으로 안정하여 쉽게 파괴되지 않는 물질로서 생활의 다양한 곳에서 편리하게 사용되고 있지만, 일단 쓰레기로서 버려지면 곧바로 「귀찮은 존재」로 변한다. 해양에 투기되거나 떠내려간 플라스틱은 오랫동안 바다를 떠다니는 쓰레기가 되어 바다거북과 바닷새, 고래 등이 먹이로 착각하고 섭취하여 죽음에 이르는 사례도 보고되었다.

최근에는 크기가 5mm 이하인 이른바 마이크로플라스틱(microplastic)이 전 세계의 바다로 퍼져나가 물고기 등의 체내에 들어있는 모습도 발견되었다(상세한 것은 제2장). 플라스틱에는 다양한 화학물질이 첨가되어 있는 경우도 있기 때문에 표류하는 플라스틱에 의한 화학물질의 해양오염 확대와 그에 따른 환경에 미치는 영향도 우려되고 있다.

수은과 카드뮴 등 독성을 가진 중금속 원소는 미나마다병水俣病, 이타이이타이병과 같은 환경오염 사건과 식품오염사고를 일으켜왔다. 원소는 없어지지 않기 때문에 일단 환경으로 방출되면, 오랫동안 오염이 지속된다. 또한 미나마타병의 원인물질인 메틸수은과 같이 먹이사슬을 통해 농축되어 건강에 피해를 끼치는 성질을 가진 것도 있다.

위험한 물질의 특징

앞에서 이야기한 것처럼, 사람과 자연계의 생물에 해를 끼치는 위험성이 우려되는 「위험한 물질」은 「환경 잔류성殘留性」, 「생물농축성濃縮性」, 그리고 「독성毒性」이 높은 물질이라고 할 수 있다.

일본에서는 일반 화학물질을 「화학물질의 심사 및 제조 등의 규제에 관한 법률」이라는 법률로 관리하고 있다. 또한 이러한 3가지 성질을 모두 갖춘 물질을 제1종 특정화학물질로 지정하여 원칙적으로 제조, 수입, 사용을 금지 또는 엄격하게 제한하고 있다. 그리고 국제적으로도 이러한 3가지의 성질을 가지면서 대기와 물의 움직임과 함께 국경을 넘어 이동하는 성질을 가진 물질은 스톡홀름협약이라는 국제협약으로 엄격하게 관리하고 있다. 스톡홀름협약의 대상물질은 POPs(Persistent Organic Pollutants, 잔류성유기오염물질의 약칭)라고도 불린다.

한편 독성이 있더라도 자연계와 생체 내에서 즉시 분해되어 자연환경에서 점차 농도가 옅어져가는 물질이면, 그 영향이 미치는 범위는 좁다. POPs가 애물단지인 것은 일단 환경에 방출되면 좀처럼 분해되지 않고, 매우 멀리까지 이동하여 생태계 상위 생물의 체내에 농축됨으로써 유해한 영향을 미칠 가능성이 있기 때문이다.

POPs와 같이 환경 잔류성과 생물 농축성이 높은 물질은 급성독성이 약하더라도 낮은 농도에서 오랫동안 노출되면, 몸속에 계속 축적되어 농도가 높아져서 유해한 영향을 끼칠 위험이 있다. 더욱이 임산부의 몸속에 축적된 물질이 태반胎盤과 모유母乳를 통해 민감도가 높은 태아와 신생아에게 이동하여 악영향을 미칠 우려도 있다.

POPs와 플라스틱 첨가제, 계면활성제와 같은 물질에는 사람과 자연계 생물의 내분비계(호르몬)에 영향을 미쳐서 유해한 영향을 일으킬 우려가 있는 물질(내분비계교란물질……환경호르몬이라고도 함)도 포함되어 있다. 이러한 물질 중에는 태아와 유아시기에 노출되었던 영향이 어른이 되어서 나타나는 것도 있다.

노출된 이후부터 영향이 나타날 때까지 10년 이상 오랜 시간이 걸리는 독성으로는 발암성이 흔히 알려져 있으며, 내분비계교란 화학물질에 의한 부작용도 노출된 후부터 영향이 나타날 때까지 오랜 시간이 걸린다. 이 때문에 어떤 증상이 나타났을 때는 이미 오염이 넓게 퍼져있어 돌이킬 수 없는 상태가 되어 있을 우려가 있다.

낮은 농도에서 장기간 노출되었을 때의 영향에 관한 연구는 수행하기 매우 어렵기 때문에 과학적으로 해결하지 못한 부분도 많이 남아 있다. 그러나 모른다고 해서 아무런 대책도 세우지 않으면, 피해가 이미 확대되어 독성이 밝혀졌을 때에는 회복이 불가능한 타격을 줄 위험성이 있다

잊지 말아야 할 것은 스톡홀름협약에 등록되어 있는 POPs는 의도 했든, 의도하지 않았든 인류가 만들어낸 물질이라는 것이다. 즉, 방치하지 않고 인류가 책임을 지고 해결을 위해 노력해야 한다.

북극권-화학물질의 최종집결지

그러면 환경으로 방출된 위험한 물질은 도대체 어떤 경로를 거쳐 사람과 자연계 생물의 몸 안에 축적되는 것일까?

일단 환경에 방출된 물질이 몸 안으로 농축되는 기작은 앞에서

설명한 생물농축 외에도 온도에 의한 효과를 들 수 있다. 즉 고온에서 휘발하기 쉬운(대기에 머물기 쉬움) 물질은 저온에서 물과 토양에 흡착되는 경향이 있다. 이 때문에 열대지방에서 사용한 화학물질이 휘발되어 대기의 흐름에 편승하여 저온의 극지방까지 운반된 후 지표와 해양 표면에 흡착되거나(건식침적乾式沈積), 비와 눈에 흡수되어 떨어져서(습식침적濕式沈積) 오염이 확대된다는 것을 알게 되었다. 겨울철 집안에서 부엌과 욕실에서 생긴 수증기가 차가운 북쪽 창에 닿아 유리에 생긴 결로結露 때문에 창틀이 흠뻑 젖는 경우가 있는데 지구규모에서 일어나는 화학물질의 순환에도 이것과 비슷한 일이 일어나고 있다.

특히 북극권은 대기로 방출된 다양한 화학물질이 최종적으로 모이는 장소로 알려져 있어서 북극권의 생태계와 그곳에서 생활하는 이누이트족과 같은 사람들의 건강에 미치는 악영향이 우려되고 있다.

오염이 전 세계로 확대된 것에는 인류의 경제활동도 큰 역할을 담당하였다. POPs와 중금속류는 과거에 TV와 전지를 비롯한 다양한 제품에 사용되어 왔다. 이것들이 중고품으로서 재활용되거나, 고장난 제품에서 사용가능한 부품과 전극에 사용된 귀중품을 회수하기 위해 국경을 넘어 개발도상국으로 많이 운반되고 있다.

최근 이러한 제품과 함께 POPs와 중금속류도 이동되어 개발도상국의 오염을 확대시키는 것으로 알려졌다. 원래는 일부 지역과 국가에 한정되어 국지적으로 발생한 환경오염이 인류의 경제활동에 의해 세계 규모의 환경오염으로 확대된 것이다. 즉 국제화가 진행되면 이러한 새로운 형태의 오염이 점점 증가할 것으로 우려된다.

유감스럽게도 「지구를 떠도는 위험한 화학물질」의 존재는 아직 충분히 인지되어 있지 않다. 「화학물질」라고 하면 나와는 인연이 먼 것으로 느낄 수도 있겠지만, 이 책에서는 우리와 가족의 건강에도 깊게 관여하고 있는 절실하고, 긴급성이 높은 문제만 다루고 있다.

이 책에서는 다양한 「지구를 떠도는 위험한 물질」에 대해서 최첨단 연구 성과를 소개하겠다. 저자가 매일 느끼고 있는 문제의식과 위기감이 어떤 것인지 독자들이 이해한다면 다행이다.

(시바타 야스유키柴田康行, 국립환경연구소 환경계측연구센터 일동)

제1부

지구를 떠도는 인류가 만들어낸 화학물질

제1장 전 세계로 퍼져나가는 POPs 오염

제2장 마이크로플라스틱 「위험한 배달부」

제3장 전 세계를 떠도는 수은

제4장 또다시 등장한 위험한 물질 「중금속」

제5장 미지의 오염물질 $PM_{2.5}$

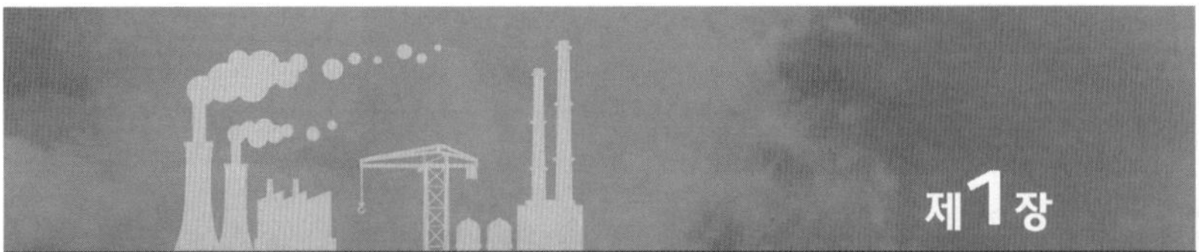

제1장

전 세계로 퍼져나가는 POPs 오염

해양포유류의 화학물질 오염과 개발도상국의 다이옥신 오염

전 세계로 확산되는 POPs 오염

인류는 지금까지 다양한 화학물질을 수많이 만들어 내었다. 그 중에서 특히 생태계에 나쁜 영향을 미치는 물질은 프롤로그에서 거론했던 POPs(Persistent Organic Pollutants, 잔류성유기오염물질)이다. 환경에 방출된 POPs는 생체내로 침입하기 쉬울 뿐만 아니라 일단 생체내에 들어가면 오랫동안 잔류한다. 더욱이 환경에서는 낮은 농도로 존재하는 POPs도 생태계에서 먹이사슬의 높은 단계로 올라갈수록 생물농축이 진행된다. 그 결과, 물범(*Phocidae*), 바다사자(*Otariidae*), 바다코끼리(*Odobenidae*), 돌고래와 같은 기각류鰭脚類와 고래류에서는 놀라울 정도로 농도가 높다고 알려져 있다. 예를 들면, 서부 북태평양에 서식하는 줄무늬돌고래의 몸속에는 해수에 비해 1,000만 배나 높은 농도의 PCB(폴리염화비페닐, 대표적인 POPs의 하나임)가 축적되어 있다는 보고도 있다.

인류에게도 POPs 오염은 결코 남의 일이 아니다. 이미 지구 전체로 오염이 퍼져나가고 있으며, 지금까지 POPs를 제조하거나 사용한 적이 없는 지역에서도 오염이 표면화되고 있다. 예를 들면, 극지역에 살고 있는 이누이트족 혈액의 PCB 농도가 현저하게 높은 것이 보고되었다[※1](※1은 책의 마지막 부분에 정리한 참고문헌을 나타냄. 이하 동일).

이 때문에 뒤늦게나마 국제사회도 「잔류성유기오염물질에 관한 스톡홀름협약(POPs 협약)」 등으로 대책을 세워 대응하고 있다. 많은 국가가 이미 POPs 협약에 가입하여 발빠르게 대책을 세우고 있지만, 일부 국가에서는 말라리아 대책과 같은 것들 때문에 POPs의 일부를 계속 사용하고 있다. 또한 발생원과 오염원에 대한 대책 수립이 뒤쳐진 국가들은 오염물질의 새로운 공급원이 되고 있다. 이와 같이 POPs의 오염원은 선진국을 비롯하여 산업화가 현저한 신흥국가와 개발도상국으로까지 확대되고 있기 때문에 문제 해결이 어렵다.

새로운 오염원이 되고 있는 신흥국가와 개발도상국의 대부분은 저위도의 열대와 아열대 지역에 위치하고 있다. 이러한 지역에서는 대기 순환이 활발하기 때문에 POPs가 대기를 통해서 먼 거리까지 확산된다. 대기를 타고 고위도 지역으로 운반된 POPs는 차가운 공기에 냉각되어 그 지역의 해양과 육상에 침적沈積되고 있다.

해양은 지구 표면적의 약 70%를 차지하고 있다. 앞으로도 저위도 지역에서 POPs를 계속 무질서하게 사용하면 대량의 오염물질이 대기로 비산되어 고위도 지역으로 운반된 후 해양으로 녹아들어가 대부분의 화학물질이 전 세계의 바다로 확산된다.

이러한 지구 규모의 POPs 오염에 가장 심각한 피해를 받는 것이 전 세계의 해양에 분포하고 있는 해양포유류이다. 일본의 에히매대학愛媛大學 연구그룹은 오랫동안 해양포유류의 화학물질 오염에 대해 조사해 왔다. 연구그룹의 조사에 따르면 POPs 오염이 최근 수십 년 동안 급속하게 세계 규모로 확대되어 많은 해양포유류에서 다양한 화학물질이 높은 농도로 축적되어 있는 것이 확인되었다.

이 장에서는 이러한 연구 성과를 바탕으로 POPs에 의한 환경과 생태계의 오염 실태를 소개하겠다.

세토내해瀨戶內海에서 아시아와 세계로 확산된 POPs 연구

DDT(Dichloro-diphenyl-trichloroethane)와 같은 유기염소계 농약에 의한 환경과 생태계의 오염이 사회문제가 된 것은 레이첼 카슨(Rachel Carson)의 저서 『침묵의 봄』이 출판된 1962년 이후이다. 일본에서 이러한 종류의 물질을 생산하고 사용하는 것을 규제한 것은 1970년대 초기였다. 1970년대는 오염이 극히 심각했던 시기로 에히메현愛媛縣이 접하고 있는 세토내해瀨戶內海의 연안지역에서 채취한 환경시료(대기, 물, 토양, 퇴적물, 생물 등)에서 모두 높은 농도의 POPs가 검출되었다.

그러나 이상하게도 세토내해에 잔류하고 있는 POPs량은 당시 이 지역에서 사용된 양에 비하면 예상외로 적었다. 이 결과로부터 연구그룹은 「사라져버린 POPs는 대기를 경유하여 확산·소실되어 지구 규모로 오염이 확산되고 있는 것은 아닌가?」라고 추측했다.

그 후 1980년대에 걸쳐 자연계 생물의 이상현상(기형, 면역계와 내분비계의 질환, 개체수의 감소, 대량 폐사 등)이 세계 각 지역에서 보고되었다(그림 1-1). 이러한 현상의 직접 또는 간접적인 원인이 화학물질에 있다고 생각했기 때문에, 연구그룹은 미국 지질조사국의 토머스 오시(Thomas O'Shea) 박사와 공동연구를 시작하여 전 세계에서 발표된 해양포유류의 화학물질 오염에 관한 연구논문을 수집하고 정리하여 검출된 화학물질과 동물종 및 개체수에 대해서 조사했다※2.

그림 1-1. 뉴질랜드 해안에서 대량 폐사한 고래.

유해화학물질의 노출과의 관련은 알 수 없지만, 최근 이러한 사례가 잇따르고 있다.

그 결과 처음으로 해양포유류에서 유기염소화합물을 검출한 것은 1966년에 발표된 논문인 것을 알 수 있었다. 이 논문에서 처음으로 육지에서 멀리 떨어진 남극에 서식하는 바다표범에 살충제인 DDT와 그 대사물질이 잔류하고 있는 것이 확인되었다.

그렇지만 1960년대 당시 해양포유류에서 검출된 화학물질은 유기염소화합물 5종류, 원소 1종류(Hg) 뿐이었고, 화학물질이 검출된 동물은 8종류 89검체檢体의 고래류와 기각류鰭脚類 뿐이었다. 그런데 1990년대가 되면서 화학물질 오염은 더욱 확대되어 265종류의 유기오염물질과 50종류의 원소가 해양포유류에서 검출되었다. 유기오염물질은 대부분이 POPs였고, 40종류의 고래류와 17종류의 기각류를 포함하여 총계 5,529개의 검체檢体에서 오염이 확인되었다.

검출된 POPs 중에는 독성이 강한 내분비계교란물질인 다이옥신(PCDD, poly-chlorinated dibenzodioxins)과 디벤조퓨란(PCDF, poly-chlorinated dibenzofurans), 유사 다이옥신 PCB(DL-PCB. 다이옥신과 같은 독성을 나타내는 평면구조의 PCB. 코프라나-PCB라고도 불리고 있음) 등도 포함되어 있었다. 불과 30년 사이에 POPs 오염이 급격하게 진행된 것을 데이터로부터 알 수 있었다.

해양포유류의 이상한 오염

그렇다면 현재 해양포유류의 화학물질 오염은 어떤 상태일까? 그림 1-2는 일본 및 주변 지역에 서식하는 고등생물의 PCB 농도이다. 육상생물에 비해 해양생물에서 농도가 높은 것을 알 수 있다.

그 중에서도 범고래(*Orcinus orca*), 줄박이돌고래(*Stenella coeruleoalba*), 고양이고래(*Peponocephala electra*)와 같은 해양포유류는 특히 농도가 높았다. 일반적으로 화학물질의 농도는 오염원인 육상으로부터 멀어질수록 낮아진다. 본래 청정해야 하는 외양에 서식하고 있는 범고래와 돌고래가 육상과 연안의 고등동물보다 훨씬 높은 농도의 PCB를 축적하고 있는 이유는 무엇일까?

해양포유류에 대한 화학물질 오염이 표면으로 드러나고 있는 요인으로 앞에서 설명한 것처럼 POPs 오염원이 남쪽으로 이동(저위도 지역으로의 이동)하는 것과 해양이 유해물질이 모이는 장소가 되고 있다는 것을 생각할 수 있다. 그러나 그것만으로는 이만큼이나 높은 농도의 오염을 설명할 수 없다.

또 다른 요인으로서 생각할 수 있는 것은 해양포유류 특유의 체질이다. 실제로 해양포유류는 사람을 포함한 육상포유류에 비해 몸속에 쉽게 화학물질을 축적한다.

해양포유류는 피부 아래에 두꺼운 지방조직을 가지고 있으며, 이것이 유해물질의 저장고가 된다. 이렇게 두꺼운 지방층이 체중에서 차지하는 비율은 바다표범의 젖먹이 새끼에서는 50% 이상, 돌고래의 성숙한 개체에서는 20~30%이며, 체내에 부하되는 POPs의 약 95%가 여기에 축적된다.

성가시게도 POPs는 지용성脂溶性이 높기 때문에 일단 지방조직에 축적되면 쉽게 배설되지 않는다. 따라서 POPs는 오랫동안 지방층에 잔류하며, 수명이 긴 해양포유류에서는 먹이로부터 흡수된 유해물질이 연령과 더불어 서서히 지방층에 축적된다.

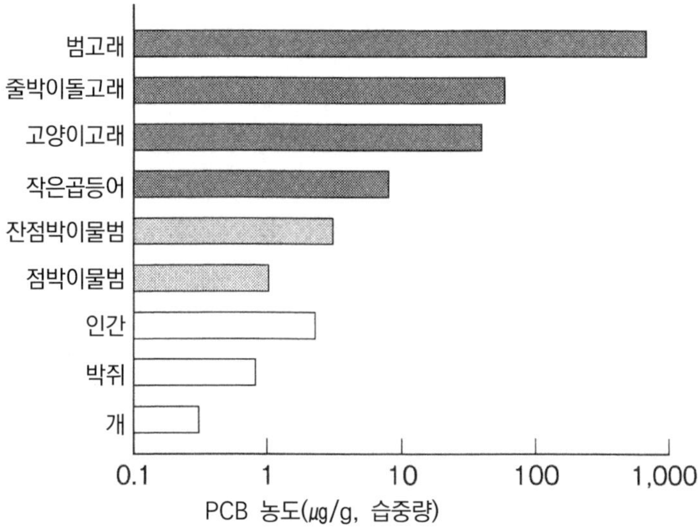

그림 1-2. 일본 및 주변지역에 서식하는 고등생물의 PCB 농도.
출처 : 磯部 등, 2009※3

세대간의 POPs 이동

한편으로 주목해야 하는 것은 다음 세대로의 이동, 즉 어미와 새끼 사이에서의 유해물질 이동이 해양포유류에서 현저하다는 것이다.

유해물질이 어미에서 새끼로 이동하는 경로는 태반胎盤과 수유授乳를 통한 2개의 경로가 있다. 일반적으로 포유류에서 태반을 경유하는 POPs 이동량은 어미의 체내에 존재하는 양의 불과 5% 정도밖에 되지 않는다. 나머지의 대부분은 수유授乳에 의해 이동하는 것으로 알려져 있다. 그 중에서도 고래류와 기각류의 모유母乳는 지방함량이 높기 때문에 수유를 통해 많은 POPs가 어미로부터 새끼로 이동한다.

줄박이돌고래에서는 수유에 의해 몸속에 잔류하는 POPs 총량의 약 60%가 새끼로 이동한다고 알려져 있다. 또한 바이칼 물범(*Phoca sibirica*)에서는 수유에 의해 PCB와 DDT 부하량의 약 20%가 배출되고 있다. 이와 같이 어미와 새끼 사이의 화학물질 이동 때문에 고래류와 기각류의 성숙 개체에서는 축적된 POPs의 농도가 성별에 따라서 크게 다르다. 즉 수컷은 먹이와 함께 흡수된 POPs가 일방적으로 축적되기 때문에 농도가 높지만, 성숙한 암컷은 수유로 일부가 배출되어 몸속 부하량이 감소하기 때문에 성숙한 수컷에 비해 뚜렷하게 낮았다.

어미의 몸속에 축적된 POPs는 그대로 다음 세대로 계속 전달되기 때문에 해양포유류 전체의 POPs 오염은 쉽게 낮아지지 않는다. 따라서 POPs협약과 같은 국제적인 규제의 성과로 환경으로 방출되는 POPs의 양이 줄어들고, 오염 수준이 낮아지더라도 해양포유류의 몸속에 잔류하는 POPs의 농도는 빠르게 저감되지 않을 가능성이 있다.

일반적으로 해양포유류 새끼의 체중은 어미의 1/10 정도이기 때문에 새끼의 몸속 POPs 농도는 수유기간 동안 단숨에 상승한다. 이 때문에 체내의 축적량이 증가하는 것뿐만 아니라 독성의 위해성(risk)도 증가하게 된다. 자세한 것은 이 책의 제8장에서 설명하겠지만, 육상 포유류는 특정 부위에 존재하는 약물대사효소로 유해물질을 분해하고 외부로 배설하여 생체환경을 일정하게 유지하고 있다. 그러나 해양포유류 특히 돌고래와 고래류는 약물대사효소의 활성이 약하기 때문에 POPs를 거의 분해할 수 없는 것으로 알려져 있다. 즉 육상포유류에서 유해화학물질을 배설하는 주요한 경로인 간의 약물대사계가 해양포유류에서는 기능하지 않는 것이다.

대표적인 사례로서 유기주석화합물의 축적이 있다. 유기주석화학물의 일종인 부틸주석화합물은 POPs에 비해 안정성이 떨어지기 때문에 고등동물의 몸속에서는 쉽게 분해되는 것으로 생각되었다. 그러나 해양포유류에서는 그와 다르게 간에 높은 농도로 축적되어 있는 것을 알게 되었다. 서두에서 서부북태평양의 줄박이돌고래는 해수에 비해 1,000만 배나 높은 농도의 PCB를 축적한다고 설명했는데, 이것도 약한 약물대사효소의 활성이 강하게 영향을 주는 것으로 생각된다.

돌고래와 고래류, 바다표범과 같은 해양포유류는 체내에 축적된 다이옥신류의 농도도 높으며, 특히 다이옥신유사-PCB(dioxin-like PCB, coplaner PCB)의 오염이 문제가 되고 있다. 해양포유류와 어류를 섭취하는 바닷새에서 수천 pg-TEQ/g(지방 중량당)의 독성등가농도(다이옥신의 독성 세기가 고려된 값 : 영어 Toxic Equivalent Quantity : 약칭 TEQ)를 나타내는 것도 있다. 이 값은 사람에게서 검출되는 다이옥신류의 축적 농도에 비해 매우 높다. 이와 같이 자연계의 어떠한 생물종은 사람과 다른 생리기능을 가지고 있기 때문에 POPs 농도가 인체에는 영향을 주지 않는 수준에서도 무시할 수 없는 영향을 받고 있을 가능성이 있다.

1991년 영국의 생태학자 마크 피터 시먼즈(Mark Peter Simmonds)는 기록으로 남아 있는 해양포유류의 대량폐사 사건을 정리하여 20세기에 11건이 발생하였으며, 이 중 9건은 1970년 이후에 발생한 것으로 보고하였다. 2000년 이후에도 이러한 대량폐사 사건은 계속 발생하고 있으며, 카스피해와 북해에서는 바다표범, 그리고 일본과 남반구의 뉴질랜드와 오스트레일리아에서도 해양포유류의 대량폐사가 보고되었다[※4]. 이러한 대량폐사 사건의 구체적인 원인은 명확히 밝혀지지 않았지만, POPs가 어떤 형태로든 관여하고 있을 가능성은 부정할 수 없다.

지구를 떠도는 위험한 물질 「POPs」의 행방

이 장의 서두에서 열대와 아열대의 저위도 지역에서 사용된 POPs가 전 세계 해양으로 확산하고 있다고 설명했다. 그러면 이러한 유해화학물질은 어떻게 퍼져나가서 최종적으로 어디에 도달하는 것일까? 유감스럽게도 이러한 의문에 명확하게 해답을 줄 수 있는 연구는 그다지 많지 않지만, 최근에 흥미로운 보고가 나오고 있다.

에히메대학의 연구그룹이 조사한 시구 규모의 외양 대기 및 표층 해수의 POPs 오염 조사[※5]에서 살충제로 사용되고 있는 헥사클로로시클로헥산(HCH, hexachloro-cyclohexanes)이 세계 규모로 확산되고 있는 것이 확인되었다. 흥미롭게도 HCH의 농도가 높은 지역은 이 살충제가 지금도 여전히 사용되고 있는 열대와 아열대 주변해역 뿐만 아니라 사용되지 않았을 북극 주변해역에서도 분포하였고, 이러한 경향은 대기보다 표층 해수에서 더 현저하였다.

이와 대조적으로 유기염소계 살충제인 DDT의 잔류농도는 전체적으로 낮았고, 열대해역 주변에서만 높은 농도로 분포하고 있었다. 즉 HCH에 비해 DDT는 대기에 의해서도 운반되기 어려워 오염원 주변에 쉽게 잔류하는 것 같다.

한편 PCB와 흰개미 구제제인 클로르데인(CHL, Chlordane)의 농도는 균일하고, 남북의 차이도 작은 것이 밝혀졌다. PCB와 클로르데인(CHL)의 오염이 전 세계로 퍼져 일정한 분포를 나타내는 것은 여전히 중위도 지역의 선진국에서 계속 방출되고 있는 것과 저위도의 많은 신흥국과 개발도상국도 POPs 오염원으로 확대되는 것을 암시하고 있다.

최근 전 세계적으로 POPs의 오염분포와 함께 대기와 해수 사이의 물질교환에 대해 조사하는 연구도 급속히 진행되어 지구 규모에서 POPs의 거동이 규명되고 있다. 대기-해수 사이의 POPs 플럭스(flux, 이동량)를 계산하는 연구에서 다양한 POPs의 총량은 대부분의 해역에서 음(−)의 값으로 나타나, 대기에서 해수로 활발하게 이동하고 있는 것을 알게 되었다. 즉 대기로 방출된 POPs는 대기의 순환에 의해 먼 거리까지 운반되며, 마지막에는 해수로 녹아들어간 후 잔류하면서 해양 생태계에 축적되는 것이 플럭스를 해석한 결과에서도 나타났다(그림 1-3).

각각의 물질별로 살펴보면, HCH와 같이 이동확산성이 높은 물질의 경우에는 오염원에 가까운 열대해역에서는 양(+)의 플럭스(휘발)가 확인되고, 북극과 같이 오염원으로부터 떨어진 해역에서는 대기로부터 해수로 활발하게 유입 즉, 음(−)의 플럭스(침적)가 나타나는 것이 알려졌다. 고위도 지역의 해수에서 음(−)의 플럭스가 크게 나타나는 경향은 PCB에서도 확인되었다.

이러한 조사결과는 외양의 해수가 POPs 물질의 마지막 도착점이라는 것을 의미한다. 특히 북극 주변의 해수는 수온이 낮기 때문에 휘발량揮發量에 비해 침적량沈積量이 압도적으로 많아 POPs의 저장고(sink)로서 중요한 역할을 담당하고 있을 가능성이 있다. 이렇게 화학물질이 열대역에서 대기를 경유하여 고위도 지역으로 순차적으로 이동하는 현상을 「grasshopper 효과(메뚜기 효과)」라고 부르며, 이러한 현상은 POPs가 환경에서 보이는 거동 특징의 하나이다.

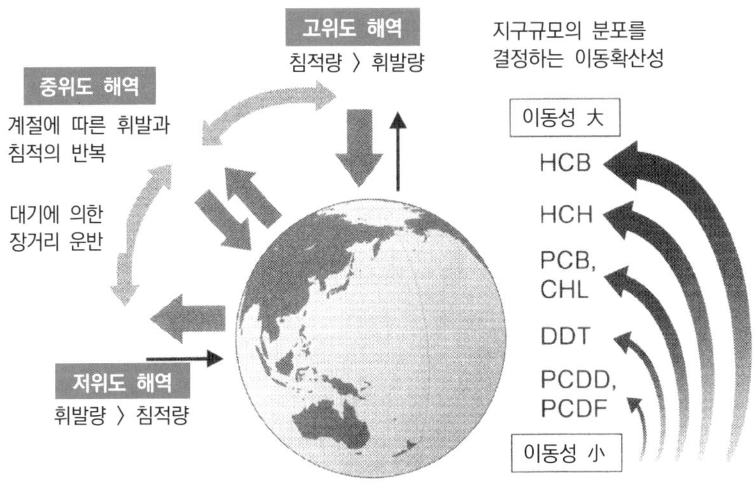

그림 1-3. 지구 규모의 POPs 오염.

출처 : Wania and Mackay, 1993※6

개발도상국의 다이옥신 오염

지금까지 POPs가 대기와 바다를 경유하여 해양포유류까지 축적되는 전 세계적인 POPs 오염에 대해서 설명했다. 그러면 새롭게 발생원이 된 신흥국과 개발도상국에서는 도대체 어떤 일이 일어나고 있는 것일까? 여기서부터는 에히매대학이 활발히 연구하고 있는 또 하나의 과제인 개발도상국의 다이옥신 오염 실태에 대해서 설명하겠다.

앞에서 언급한 것처럼 신흥국과 개발도상국의 대부분은 열대와 아열대 지역에 집중되어 있으며, 이들 지역이 지구의 「증발접시」로서 기능하여 POPs를 비롯한 유해화학물질에 대한 지구 규모의 순환을 확대시키고 있는 것을 알게 되었다.

이러한 POPs 중에서도 눈에 띄게 높은 독성을 가지고 있는 것이 다이옥신류이다. 다이옥신류는 환경에서 잔류성과 생물 축적성이 높기 때문에 다양한 생물에서 검출되고 있어 생체에 미치는 위해성(risk)이 우려되고 있다. 이 때문에 유럽과 미국을 중심으로 수많은 오염실태 조사와 위해성 평가가 실시되었고, 그 결과를 바탕으로 소각시설의 개선과 화학물질의 사용규제가 이루어져 최근 선진국에서는 환경에서의 다이옥신류 농도가 낮아지는 경향이다.

실제로 지금까지 일본도 많은 양의 다이옥신류를 환경으로 방출해왔다. 그 주요한 배출원은 1960～1970년대에 농경지에 살포한 PCP(phentachlorophenol)와 CNP(2,4,6- trichlorophenyl-4-nitrophenyl ether) 같은 제초제 또는 폐기물의 소각과 PCB 제제 등에서 유래하는 것으로 알려졌다.

그러나 1970년대에 이러한 제초제와 PCB제제의 생산과 사용이 금지되었다. 그리고 2000년에는 다이옥신류 대책 특별조치법이 시행되어 소각시설의 개선도 급속하게 진행되어 일본에서 다이옥신류의 환경 배출량도 다른 선진국과 비슷하게 매년 지속적으로 감소하고 있다. 예를 들면, 일본 환경성이 추정한 연간 배출량은 1997년의 7,680～8,135 g-TEQ/년에서 2015년에는 118～120 g-TEQ/년으로 현저한 감소가 보고되었다[※7]. 이로 인해 생물에 대한 다이옥신류 노출 수준도 유사하게 감소할 것으로 기대된다.

한편 최근 급속한 경제발전으로 인구가 현저하게 증가한 아시아의 개발도상국에서는 다량의 폐기물이 도시의 대규모 개방형 쓰레기 집하장에 투기되고 있다. 고온으로 쓰레기를 연소하면 다이옥신이 발생하지 않지만, 아시아의 개발도상국에서는 선진국에서 보급되어 있는 고온으로 소각할 수 있는 시설이 적은 실정이다. 에히메대학 연구그룹이 조사한 아시아의 개발도상국에서는 투기된 대량의 쓰레기가 자연발화되거나 의도적으로 소각하는 것과 같이 저온 상태에서 연소가 일어나는 장소가 많이 존재하고 있었다(그림 1-4). 이와 같은 아시아 개발도상국의 도시에서 일어나는 개방형 쓰레기 집하장의 연소로 인해 다이옥신류가 생성될 것으로 예상되며, 주변환경으로의 오염 확대가 우려된다.

그러나 연구를 시작한 2002년 당시에는 아시아 개발도상국의 개방형 쓰레기 집하장에서의 다이옥신류 오염 조사와 주변 주민의 노출 위해성을 평가하는 연구는 이루어지지 않았다. 따라서 에히메 연구그룹의 조사가 전 세계에서 선구적인 조사가 되었다.

그림 1-4와 같이 쓰레기 집하장과 그 주변에는 많은 마을이 있으며, 성인뿐만 아니라 어린아이들도 「Waste-picker」(쓰레기 수집자)」로 집하장에서 일하고 있다. 태아와 유아 시기에는 다이옥신류에

대한 민감도가 높은 것으로 알려져 있기 때문에, 다이옥신류에 노출되는 것이 면역기능과 뇌의 발달에 영향을 미칠 수 있는 가능성도 지적되었다.

그림 1-4. 개발도상국에서 개방형 도시쓰레기 집하장의 의도적인 소각(위)과 쓰레기에서 쓸모 있는 물건을 수집하는 어린이(아래).

쓰레기 집하장 주변의 토양오염

에히메대학 연구그룹은 시작단계에서 우선 아시아 개발도상국 도시의 개방형 쓰레기 집하장에서 다이옥신류 생성 유무를 검증하기 위해 캄보디아(프놈펜), 인도(첸나이), 베트남(하노이 및 호치민)의 쓰레기 집하장과 그 주변에서 채취한 토양을 분석하였다. 그 결과, 모든 토양에서 다이옥신류가 검출되었고, 그 중에서도 캄보디아 집하장의 3개 지점에서는 일본의 환경기준치(1,000 pg-TWQ/g)보다 높은 농도의 다이옥신류가 검출되었다(그림 1-5).

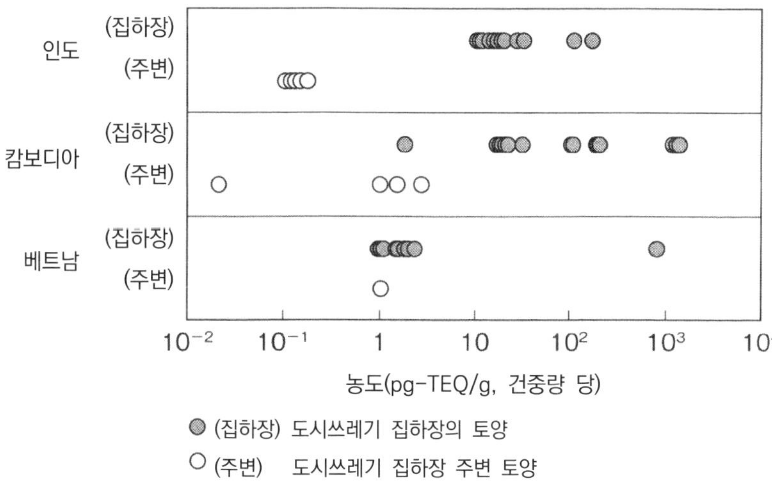

그림 1-5. 아시아 개발도상국의 쓰레기 집하장과 주변에서 채취한 토양의 다이옥신류 농도.

게다가 쓰레기 집하장의 다이옥신류 농도는 주변 토양보다도 명확하게 높은 값을 나타내었다. 이 결과로부터 조사가 이루어진 쓰레기 집하장에서는 쓰레기의 자연 발화와 의도적인 소각에 의해 다이옥신류가 생성되어 토양이 오염되는 것뿐만 아니라 전기기기 등 PCB를 포함한 폐기물로부터 PCB가 누출되고 있는 것을 알 수 있었다. 실제로 연구그룹이 예상하고 있던 일들이 일어나고 있었던 것이다. 그러면 쓰레기 소각과정에서 다이옥신류는 어떻게 생성되는 것일까? 다이옥신류의 복잡한 생성 메커니즘에 대해서는 몇몇의 연구가 이루어져 있다. 여러 개의 염소를 함유한 폴리머(polymer) 소재를 이용한 연소시험에서는 폴리염화비닐을 함유한 쓰레기가 다이옥신류 생성에 깊게 관여하고 있는 것으로 나타났다.

실제로 시료를 채취한 아시아 개발도상국에서도 다량의 폴리염화비닐이 사용되고 있으며, 쓰레기 집하장에 폐기된 폴리염화비닐을 함유한 쓰레기가 개방된 상태에서 연소되어 다이옥신류 생성을 증가시켰을 가능성이 시사되었다.

주변 주민의 모유 조사

일련의 조사를 통해 아시아 개발도상국의 개방형 쓰레기 집하장에서 높은 농도의 다이옥신류가 생성되고 있는 것이 밝혀졌다. 그렇다면 쓰레기 집하장 주변의 주민들도 이미 다이옥신류에 노출되어 있는 것이 아닐까? 연구그룹은 주변 주민으로부터 채취한 모유母乳를 조사하였다. 그 결과 모든 모유 시료에서 다이옥신류가 검출되었다. 다이옥신류의 농도는 인도가 가장 높았으며, 특히 인도의 쓰레기 집하장 주변 주민은 쓰레기 집하장에서 멀리 떨어진 장소(대조지역)에 살고 있는 주민에 비해 통계적으로 의미 있는 높은 농도를 나타내었다(그림 1-6). 따라서 인도의 쓰레기 집하장 주변 주민들에게는 특이한 다이옥신류의 노출 경로가 있을 가능성이 나타났다.

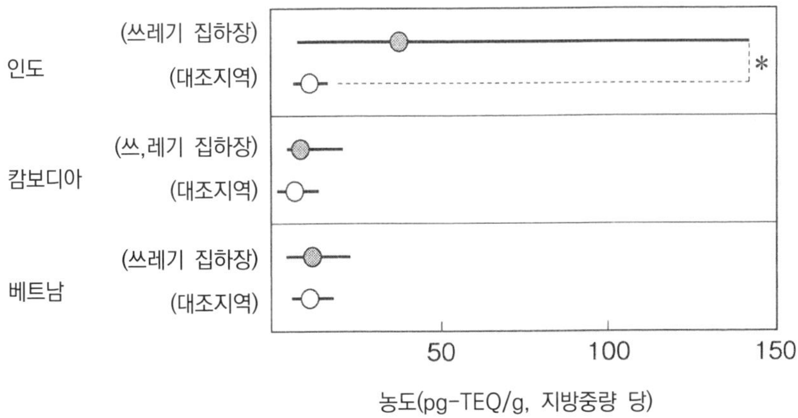

그림 1-6. 아시아 개발도상국의 쓰레기 집하장 및 대조지역에서 채취한 모유의 다이옥신류 농도.
(○ : 중앙값, 실선 : 농도범위, * 통계적 유의차를 나타냄)

그리고 쓰레기 집하장 주변 주민 모유의 다이옥신류 농도를 그 외의 나라에서 보고된 일반인의 값과 비교하면, 인도의 도시 쓰레기 집하장 주변 주민의 모유에서 검출된 다이옥신류 농도가 세계적으로도 높은 값인 것을 알 수 있었다(그림 1-7).

한편, 베트남과 캄보디아 주민의 농도 수준은 선진국의 일반인에 비해 낮았고, 다른 개발도상국의 주민과 같은 정도였다.

인도 사람들의 모유에서 다이옥신류 농도가 여러 선진국들에 필적하는 수준이었던 것은 주목할 만한 결과였다. 베트남의 고엽제 사건과 대만의 유증油症[2]사건을 제외하면 지금까지 다이옥신류의 오염은 선진공업국에서의 문제로 알려져 왔다. 그러나 이러한 연구 결과로부터 개발도상국에도 도시 쓰레기 집하장과 같은 다이옥신류의 큰 발생원이 존재하며, 이러한 발생원에 의해 토양과 사람이 오염된다는 것, 즉 개발도상국에서도 다이옥신이 문제가 되는 것이 명확해졌다.

일본, 미국 및 유럽의 선진공업국에서는 고성능 소각시설의 보급과 개선 그리고 화학물질의 유통과 사용규제를 강화한 효과로 인하여 모유의 다이옥신류 농도는 낮아지고 있지만, 아시아 개발도상국과 같이 아직 배출원에 대한 대책이 마련되어 있지 않은 지역에서는 앞으로 다이옥신류에 의한 오염이 더욱 진행되어 모유의 다이옥신 농도가 더 높아질 수도 있다.

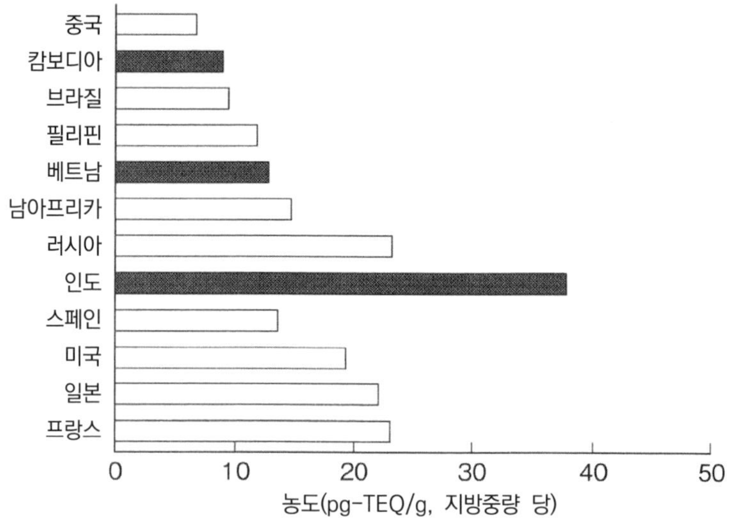

그림 1-7. 모유에 들어있는 다이옥신류 농도의 국제비교.

2) 다이옥신류의 PCDF와 PCB가 혼입된 식용류를 섭취한 사람들에서 발병하는 중독증이며, 구토, 색소침착 등의 피부병과 전신권태감, 떨림, 식욕부진 등의 증상을 일으킨다.

유아에 미치는 위해성(risk)

그러면 이러한 다이옥신 농도는 모유를 먹는 유아에게 문제가 없는 수준일까?

에히메대학 연구그룹은 유아가 섭취하는 모유의 양에서 다이옥신 섭취량을 추정하였다. 체중 5kg의 유아가 매일 약 700㎖의 모유(또는 분유)를 먹는다고 추정하고, 모유에서 검출된 다이옥신류의 농도를 바탕으로 모유를 통해 하루에 섭취하는 다이옥신류량을 계산하였다. 이 값을 세계보건기구(WHO, World Health Organization)가 정한 1일 섭취허용량(Tolerable Daily Intake, TDI. 일생동안 계속 섭취해도 건강에 악영향이 없을 것으로 생각되는 1일 다이옥신류 섭취량)과 비교한 결과 아시아 개발도상국의 모유 대부분은 TDI의 상한(4pg-TEQ/kg/day)을 넘는 것을 알게 되었다.

1～3개월된 유아의 경우 모유에 포함된 다이옥신류의 흡수율은 고염소화합물을 제외하면 90% 이상으로 보고되어 있다[※8]. 또한 주산기周産期[3)]에서 높은 농도의 다이옥신류에 노출되면 유년기의 면역기능에도 영향을 미치는 것으로 알려져 있다. 이상으로부터 모유의 다이옥신 오염이 유아에 미치는 영향은 선진공업국뿐만 아니라 아시아 개발도상국에서도 우려되는 수준인 것으로 생각된다.

유아의 건강을 생각하면 다이옥신류에 오염되지 않은 분유를 사용하는 것이 위해성을 낮출 수 있는 방법의 하나일수도 있다. 그러나 모유에는 유아의 면역 시스템에 관여하는 항체와 당단백질, 박테

---

3) 일반적으로 신생아를 분만한 시기의 전후 기간을 말하며, 의학적인 정의로는 임신 20주 이후 또는 출생 체중이 500g 이상으로 출산 후 28일까지의 시기.

리아와 바이러스의 활성을 억제하는 올리고당, 락토페린(lactoferin), 라이소자임(lysozyme), 불포화지방산 등 유아의 발달과 성장에 필요한 성분이 들어있다.

게다가 개발도상국에서는 분유 사용에 따른 경제적인 문제와 사용하는 물 자체가 유아에게 악영향을 미치는 경우도 있다. 따라서 개발도상국에서는 모유를 섭취하는 것이 바람직하지만, 모유의 다이옥신류 농도를 안전한 수준까지 내리기 위해서는 엄마 몸속의 노출량을 줄이는 것이 시급하다. 그러므로 아시아 개발도상국의 개방형 쓰레기 집하장에서는 즉시 오염대책을 검토할 필요가 있다.

가축으로도 퍼진 다이옥신 오염

앞에서 설명한 것과 같이, 캄보디아와 베트남에서는 개방형 쓰레기 집하장 주변과 대조지역 주민의 모유에서 다이옥신류 농도는 차이가 없었다. 그러나 인도의 쓰레기 집하장 주변 주민에게서 통계적으로 의미 있게 높은 농도가 나타났기 때문에(그림 1-6), 인도에서는 특이한 다이옥신류의 노출 경로가 있을 것으로 생각되었다.

이와 관련하여 선진국들의 경우 사람의 다이옥신류 노출은 물고기, 가축, 계란, 유제품과 같은 동물성 식품 경유가 98% 이상을 차지하여 대기에서 노출되는 양은 겨우 1.1% 정도로 추정된다[※9]. 따라서 인도의 개방형 쓰레기 집하장 주변 주민들도 대기 이외의 경로에서 다이옥신류의 노출량이 많을 것으로 생각된다.

인도의 현지를 상세히 살펴본 결과, 캄보디아와 베트남과는 다르게 쓰레기 집하장에서 소가 많이 사육되고 있는 것을 알 수 있

그림 1-8. 인도 도시 쓰레기 집하장의 소와 우유를 짜는 주민.

었다. 그리고 주변 주민은 사육하는 소에서 짜낸 우유를 항상 마시고 있었다(그림 1-8). 즉 쓰레기 집하장에서 사육되고 있는 소가 다이옥신류에 노출되었고, 주변 주민은 그 소의 우유를 마시는 것으로 다이옥신류에 오염되었을 가능성을 생각할 수 있다.

따라서 인도의 쓰레기 집하장과 대조지역에서 사육되고 있는 소에서 짜낸 우유의 오염 정도를 조사하였다. 그 결과 예상대로 쓰레기 집하장 소의 우유에서 많은 양의 다이옥신류가 검출되었고, 대조지역과 비교하면 명확히 높은 값을 나타내었다(그림 1-9). 이 결과로부터 인도에서는 쓰레기 집하장에서 사육되고 있는 소의 우유가 주변 주민의 주요한 다이옥신류 노출원인 것으로 시사되었다.

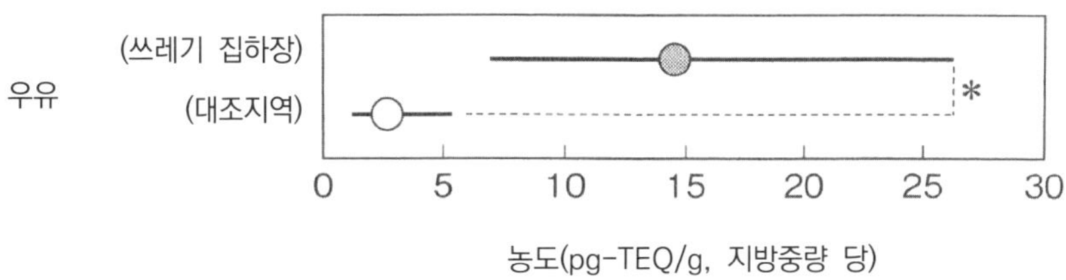

그림 1-9. 인도의 쓰레기 집하장 및 대조지역에서 채취한 우유의 다이옥신류 농도 비교.
(○ : 중앙값, 실선 : 농도범위, * 통계적 유의차를 나타냄)

힌두교도가 많은 인도에서는 소가 신성시되어 소고기를 먹는 주민은 적지만, 힌두교도들도 우유를 마시는 것은 허용되어 귀중한 단백질원이 된다. 매일 섭취하는 음식에서 유제품이 차지하는 비율도 높고, 성인은 매일 176g의 우유를 소비하는 것으로 보고되어 있다※10. 이것은 일본의 87g(일본 유업협회 2012년 자료에서 일본인 1명의 연간 소비량 32kg을 바탕으로 1일 소비량을 계산)과 비교하면 꽤 많은 양이다. 따라서 우유의 농도를 바탕으로 성인(체중 60kg로 가정)의 1일 다이옥신류 섭취량을 계산하였다. 그 결과, 쓰레기 집하장에서 사육

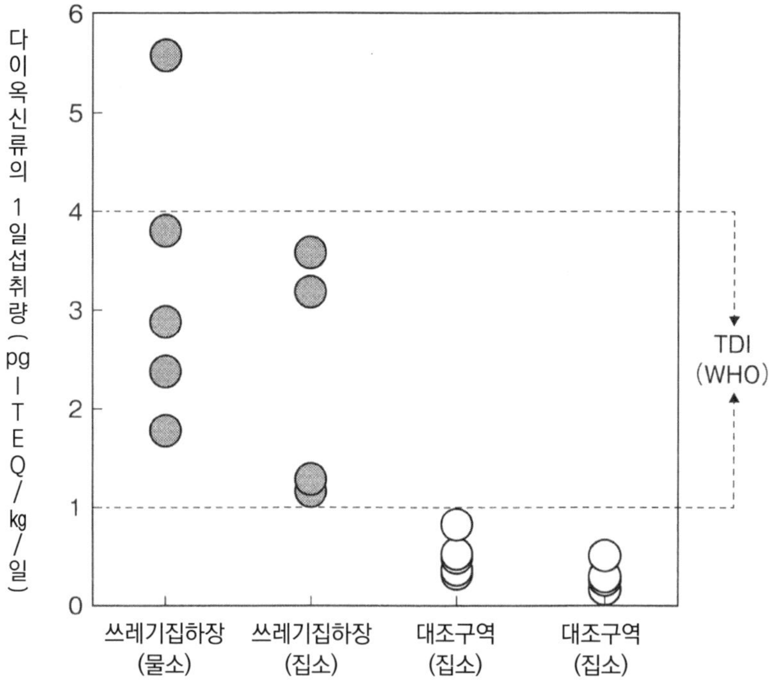

그림 1-10. 인도의 쓰레기 집하장 및 대조지역에서 채취한 우유로부터 사람이 섭취하는 1일 다이옥신 섭취량.

되는 소의 우유를 섭취하고 있는 경우에는 WHO가 정한 다이옥신 농도의 1일허용섭취량(1~40 pg-TEQ/kg/day)과 같거나 또는 그 이상을 섭취하는 것으로 계산되었다(그림 1-10).

이러한 연구결과로부터 가축의 조사가 이루어진 인도뿐만 아니라 개방형 쓰레기 집하장에서 가축 사육이 일반화되어 있는 개발도상국에서는 가축을 통한 사람의 다이옥신류 오염이 향후 심각해질 것으로 예상된다.

유해물질의 저장고인 쓰레기 집하장

에히메愛媛대학 연구그룹이 최근 실시한 조사에서 아시아 개발도상국의 도시에 있는 개방형 쓰레기 집하장은 다이옥신류의 발생원 및 집적원으로 밝혀졌다.

그리고 집하장의 토양에서 검출된 다이옥신류의 농도와 조성, 그리고 플럭스(flux)를 해석한 결과 인도와 필리핀처럼 가동기간이 길고, 막대한 면적을 가진 개방형 쓰레기 집하장은 유해화학물질의 「reservoir(저장고)」로도 기능하고 있는 것 같다.

개발도상국의 대부분은 아직 다이옥신류의 오염대책과 법적 규제의 정비가 충분하지 않기 때문에, 앞으로도 개방형 쓰레기 집하장으로부터 다이옥신류의 배출은 계속될 것으로 예상된다. 앞에서 설명한 메뚜기효과(grasshopper 효과)에 의해 이러한 유해화학물질의 일부(일부의 다이옥신류는 이동과 확산성이 매우 약하고, 입자 흡착성이 높기 때문에 장기간 발생원에 잔류함)는 대기를 경유하여 열대역에서 고위도 지역으로 이동한다. 즉 이러한 문제는 개발도상국뿐만 아니라 선진국에서도 절실한 문제라고 할 수 있다. 덧붙여 말하면 인류뿐만 아니라 해양포유류를 비롯한 생태계에도 중대한 영향을 미칠 수 있는 문제이다. 말 그대로 위험한 물질이 지구를 떠돌아다니고 있는 것이다. 시급히 발생원에 대한 대책이 절실히 요구된다.

(타나베 신스케田辺信介 에히메대학愛媛大學 연안환경과학연구센터장·특별명예교수)
(쿠니스에 타츠야国末達也 에히메대학愛媛大學 연안환경과학연구센터 교수)

제2장

마이크로플라스틱(microplastic) 「위험한 배달부」

전 세계 바다로 확산되는 마이크로플라스틱(microplastic)

최근 북극에서 남극까지 바다 전체에 직경이 5mm 이하인 마이크로플라스틱(microplastic)이라 불리는 작은 플라스틱 파편과 알갱이가 떠다니는 것이 알려졌다. 그림 2-1은 일본열도에서 약 1,000km 떨어진 태평양에서 일본 기상청이 채취한 마이크로플라스틱 사진이다. 이러한 마이크로플라스틱은 바다에 떠 있을 뿐만 아니라 육상에서 멀리 떨어진 바다에 서식하는 물고기와 조개 속에서도 발견되고 있기 때문에 생태계에 미치는 영향도 우려되고 있다.

이 마이크로플라스틱에는 다양한 화학물질이 첨가제로 들어 있으며, 이 중에는 유해한 것도 있다. 더욱이 마이크로플라스틱은 원래 들어있던 유해한 화학물질뿐만 아니라 해수에 존재하는 PCB와 같은 지방과 친화력이 강한 유해화학물질을 흡착하여 생물체내로

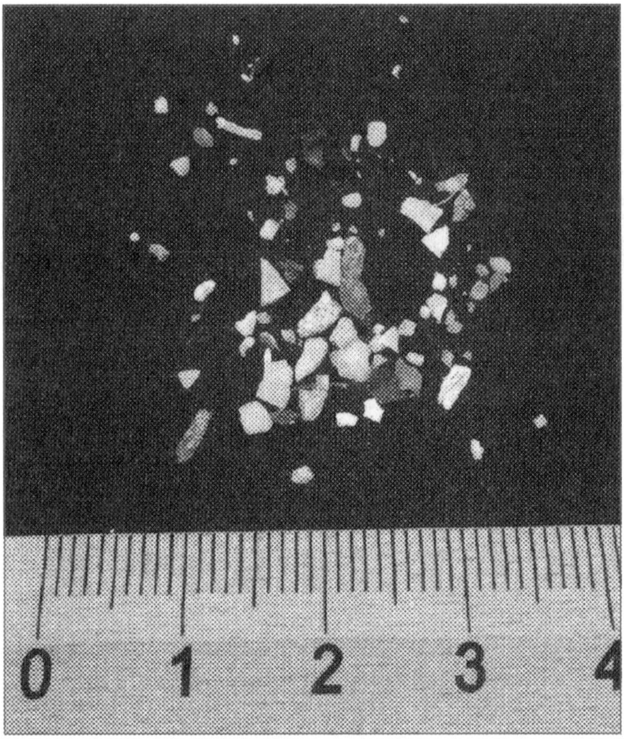

그림 2-1. 일본열도로부터 1,000km 떨어진 태평양에서 일본 기상청이 채취한 마이크로플라스틱.

운반할 가능성이 우려된다. 확실히 「지구를 떠도는 위험한 물질」의 대표적인 것이다.

해양으로 확산된 마이크로플라스틱의 양은 계속 증가하고 있으며, 국제협약으로 규제를 하는 것까지 검토되기 시작하였다. 이 장에서는 세계적으로 주목을 모으고 있는 마이크로플라스틱에 의한 해양오염에 대해서 생각해 보겠다.

지구를 떠도는 위험한 배달부의 근원

마이크로플라스틱은 원래 비닐봉투, 편의점 도시락, 페트병 뚜껑, 과자의 포장지와 같은 플라스틱 쓰레기이다.

플라스틱 제품의 대부분은 석유로 만들지만, 석유를 그대로 굳힌 것이 아니라 추가로 에너지를 더 투입하여 화학적으로 합성하여 만든 것이다. 현재 전 세계에서 연간 약 4억 톤의 플라스틱이 생산되고 있다[※1]. 이 정도 양을 제조하려면, 전 세계의 연간 석유 산출량의 8%가 필요하다고 한다. 이 중에서 절반인 석유 산출량의 4%가 플라스틱의 원재료로서 사용되고, 나머지 절반이 플라스틱을 만들기 위한 에너지로 소비되고 있다.

플라스틱 제품을 용도별로 살펴보면, 4억톤의 약 절반이 용기와 포장에 사용되고 있다. 이것들은 소위 「일회용 제품」이며, 대부분 반복하여 사용하지 않기 때문에 즉시 플라스틱 쓰레기가 된다. 대표적인 것이 비닐봉투이다. 일본에서는 연간 약 300억장의 비닐봉투가 소비되고 있다. 이 외에도 페트병, 식품의 포장지, 편의점의 도시락과 같은 대부분의 일회용 제품이 플라스틱 제품이다. 이것들을 정리하면 일본에서는 한 세대에서 하루에 발생하는 플라스틱 쓰레기가 수백 그램으로 계산된다.

플라스틱 쓰레기가 제대로 처리된다면 바다로는 들어가지 않을 것이다. 안타깝게도 무단 투기, 쓰레기통에서 넘쳐 나온 것, 바람에 날아 간 것, 까마귀와 고양이 같은 동물들이 헤집어 놓은 것들이 돌고 돌아서 마지막에는 바다로 흘러 들어간다.

바다의 플라스틱 오염이라 하면, 해변에 놀러간 사람들이 버리고 간 쓰레기가 원인이라고 생각하는 사람들이 많지만, 그러한 것들은 극히 일부에 불과하다. 해양을 오염시키는 플라스틱의 대부분은 우리가 일상생활에서 사용한 후 쓰레기가 된 플라스틱에서 유래한다. 그것들이 빗물에 씻기고 바람에 날려 하천을 통해 마지막에는 바다로 흘러 들어간다. 전 세계의 바다를 오염시키고 있는 마이크로플라스틱의 근원을 찾아가면, 육상에 살고 있는 우리의 일상생활로부터 나온 것들이다.

일본은 비교적 재활용이 잘되고 있기 때문에 바다로 흘러 들어가는 플라스틱은 적을 것으로 생각되겠지만 실상은 다르다. 그림 2-2는 토쿄東京의 아라강荒川 하구로부터 3km 거슬러 올라간 하천 부지의 풍경이다. 어지럽게 흩어져 있는 플라스틱 쓰레기의 대부분이 페트병이다. 재활용 비율[4]이 85%로 매우 높은 페트병이라 해도 이 모양인 것이다.

아무리 재활용 비율이 높더라도 페트병과 같이 사용량이 엄청나게 많으면, 대량의 플라스틱 쓰레기가 발생한다. 재활용 비율이 100%가 아니면 플라스틱 쓰레기는 계속해서 배출될 것이다. 플라스틱은 좀처럼 분해되지 않고, 잔류성이 높은데다가 가볍고, 물에 떠서 운반되기 때문에 일단 바다로 유입되면, 전 세계의 바다로 확산된다. 이러한 특징이 문제를 더욱 심각하게 만든다.

---

4) 2019년 우리나라의 페트병 재활용 비율은 45%에 불과하다(동아일보, 2019년 2월 19일자 보도).

그림 2-2. 아라강荒川 하구 부지의 플라스틱 쓰레기(2016년 5월 촬영).

플라스틱 쓰레기가 되는 다양한 플라스틱 제품

한마디로 플라스틱이라고 해도 다양한 종류가 있다. 플라스틱은 석유가 원료인 고분자(polymer) 물질로 만든다. 이러한 고분자 물질에는 폴리에틸렌(Polyethylene), 폴리프로필렌(Polypropylene), 폴리스틸렌(Polystyren), 폴리에틸렌테레프탈레이트(Poly ethylene terephthalate, PET), 폴리염화비닐이 있다(그림 2-3). 이 5개의 폴리머가 플라스틱 전체 생산량의 70% 정도를 차지하고 있다.

이 중에서 폴리에틸렌과 폴리프로필렌은 비중이 1보다 작아서 물에 뜬다.

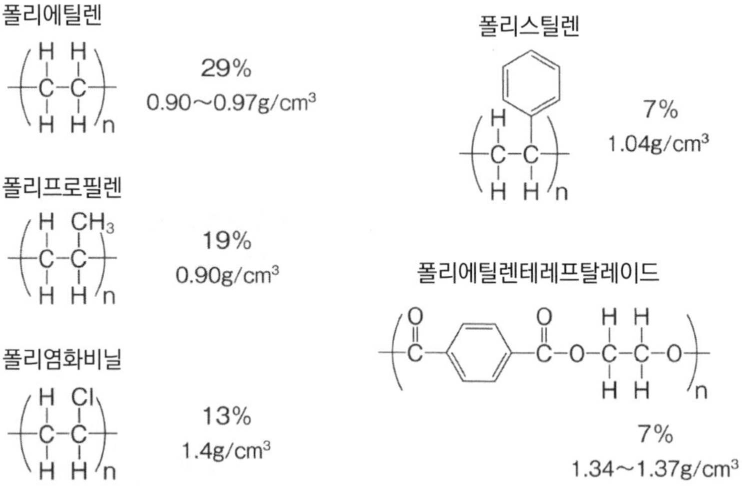

그림 2-3. 주요한 플라스틱의 생산량 비율과 밀도.

이에 비해 폴리스틸렌은 비중이 1보다 약간 크고, 주로 발포 스티롤을 만드는데 사용되며 기포를 포함하고 있어 물에 뜬다. 마찬가지로 PET도 비중은 물보다 크지만, 페트병 형태로 되어 공기가 들어가면 물보다 비중이 작아져 떠돌아다니게 된다. 이와 같이 우리가 사용하는 플라스틱제품의 대부분은 물에 뜨기 때문에 해류와 바람에 의해 멀리 운반되는 것이다.

그림 2-4는 하와이 카밀로 해변(Kamilo beach)의 사진이다. 주변에 사람이 거의 살고 있지 않는데도 모래사장에는 많은 플라스틱이 떠밀려 와있다. 이 중에는 하와이 자체에서 발생한 것도 있지만, 일본어, 중국어 그리고 한글로 표기된 것도 있다. 동아시아에서 발생한 플라스틱 쓰레기가 태평양을 건너 멀리 하와이까지 운반된 것이 놀라웠다.

그림 2-4. 하와이 카밀로 해변(Kamilo beach)에 표착한 플라스틱 쓰레기.

플라스틱은 바다의 표면을 오랜 기간 떠다니는 동안 자외선과 파도의 힘에 의해 열화劣化되어 작은 조각으로 쪼개진다. 플라스틱 재질의 빨래집게를 사용하다보면 1년도 안되어 부러지는 경우가 있는데, 이것은 플라스틱이 자외선에 의해 열화되었기 때문이다. 바다 위에서는 자외선을 피할 수 없으므로 플라스틱의 열화가 더 많이 진행된다.

상세한 설명은 하지 않겠지만, 해양물리학적인 법칙으로 크기가 5mm를 넘는 비교적 큰 플라스틱 파편은 바람의 힘을 받기 쉬워 해안으로 떠밀려 간다. 플라스틱이 흘러 도착한 해안에서는 해면 보다 온도가 높기 때문에 열화가 가속되어 크기가 5mm 이하인 마이크로플라스틱(microplastic)이 대량으로 발생하게 된다. 크기가 5mm 보다 작아지면, 바람의 힘을 받기 어려워 이번에는 해안에서 바다쪽으로 운반되기 쉬워진다. 이와 같이 플라스틱 쓰레기가 떠밀려 온 해안이 마이크로플라스틱(microplastic) 생성 장소가 되고 있다.

플리스[5] 세탁도 마이크로플라스틱의 공급원

사실 마이크로플라스틱에는 플라스틱 제품의 열화劣化 이외에도 다양한 발생원이 있다※2. 예를 들면 레진펠렛(resin pellet, 수지알갱이)은 옛날부터 알려져 있는 마이크로플라스틱 발생원의 하나이다. 레진펠렛은 원반모양, 원주모양 또는 공 모양인 직경 수mm의 플라스틱 알갱이이며(그림 2-5), 플라스틱제품을 만들 때 사용하는 중간원료이다. 일반적으로 화학공장에서 석유로부터 플라스틱을 합성할 때, 먼저 이러한 레진펠렛 형태로 합성한다.

그림 2-5. 플라스틱 레진펠렛.

5) 플리스(Fleece) : 표면의 파일(pile)이 일어나도록 만든 가볍고 따뜻한 직물 또는 편물을 말한다. 플리스로 만든 자켓이나 상의를 지칭하기도 하며, 아웃도어 의류에 주로 사용한다(출처 : 두산백과).

레진펠렛은 자루에 담아 성형 공장으로 운반하여 틀에 넣어 가열 성형하여 다양한 플라스틱 제품을 만든다. 그러나 운송과 취급 과정에서 레진펠렛의 일부가 환경에 유출된다. 이렇게 지면과 도로에 떨어진 레진펠렛은 빗물에 씻겨 수로와 하천을 거쳐 마지막에는 바다로 들어간다. 그리고 바다로 흘러 들어가 떠다니던 레진펠렛의 일부가 해안에 표착漂着한다(그림 2-6).

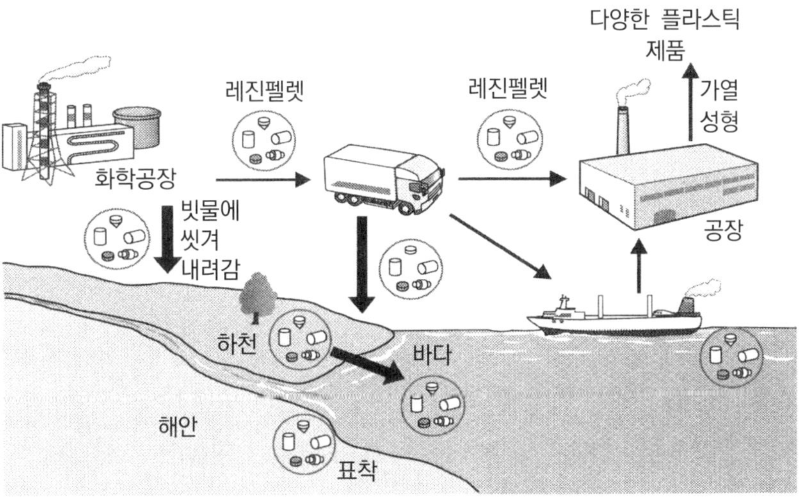

그림 2-6. 레진펠렛이 해안에 표착되는 과정.

한편 레진펠렛이 컨테이너 선박으로 해상 수송되는 경우도 있으며, 컨테이너의 탈락 사고와 같이 레진펠렛이 직접 바다로 유출되는 경우도 있다. 2012년 7월에 홍콩에서 레진펠렛을 운반하는 선박에서 컨테이너가 떨어지는 사고로 홍콩 해안에 수 cm의 두께로 레진펠렛이 표착한 일도 있다.

해양환경에서 레진펠렛의 존재는 1972년 사르가소해(Sargasso Sea)에서 처음으로 보고되었다※3. 플라스틱의 생산량 증가와 분해되기 어려운 화학적 안정성 때문에 전 세계 해양에서 표류량이 증가하여 지금은 전 세계의 해안에 레진펠렛이 표착漂着되고 있다.

또한, 1mm 이하의 구슬 모양의 플라스틱 알갱이, 마이크로비즈(micro-beads)도 마이크로플라스틱의 일종이다. 크기가 수백 ㎛(㎛는 1/1,000mm) 정도의 마이크로비즈가 연마제로 배합되어 있는 제품에는 화장품과 세안제洗顔劑가 있다. 이러한 마이크로비즈는 세안할 때 씻겨 내려가 생활하수가 되어 하수도와 하천을 통해 마지막에는 바다로 들어간다.

게다가 폴리에스터와 나일론과 같은 화학섬유 재질의 옷을 세탁할 때 발생하는 빨래 찌꺼기도 마이크로플라스틱의 발생원이 된다. 세탁기를 1회 가동할 때 플리스 의류 한 벌에서 약 2,000개 정도의 작은 플라스틱 섬유 조각이 발생한다는 보고도 있다.

또한 폴리우레탄과 멜라민폼[6](melamine form) 재질의 스폰지와 아크릴 수세미도 사용할 때마다 마모된다. 마모된 스폰지와 수세미의 작은 파편도 생활하수에 흘러 들어가 바다에서 또 하나의 마이크로플라스틱의 기원이 된다. 멜라민폼 재질의 스폰지는 세제가 필요 없이 잘 닦이는 것으로 알려져 있지만, 실제로는 잘 마모되는 성질을 가지고 있다. 즉 세제를 사용하지 않기 때문에 친환경적으로 생각되었지만, 마모되어 발생한 마이크로플라스틱이 환경을 오염시키고 있는 것이다. 환경보호를 생각한다면, 셀루로오스(cellulose) 재

6) 국내에서는 매직블럭이라는 이름으로 제품이 판매되고 있다.

질과 같은 천연소재의 스폰지를 사용해야 한다.

지금까지 설명한 마이크로비즈, 세탁 찌꺼기, 스폰지 파편은 모두 생활하수로서 하수처리장으로 들어가 처리된다. 플라스틱은 하수처리 과정에서 미생물에 의해 분해되지 않지만, 응집제에 의해 다른 입자와 함께 하수오니로서 침전되어 제거된다. 마이크로플라스틱의 크기와 형상에 따라 차이가 있지만, 통상의 하수처리에서 95~99%가 제거된다. 그러나 제거율이 100%가 아니기 때문에 처리된 하수에서도 마이크로플라스틱이 검출된다.

유역인구 50만명 정도인 토쿄도東京都 하수처리장의 방류수를 측정한 결과에서는 하루에 10억개 정도의 마이크로플라스틱이 타마강多摩川으로 방류되는 것으로 알려졌다. 이 중에서 절반 정도가 파편이고, 나머지 절반은 화학섬유이다.

더욱이 비가 내리면 폐수가 빗물과 함께 넘쳐흘러 하수처리장으로 들어가지 않고, 바로 하천과 바다로 방류되는 경우가 있다. 이것을 우천시의 월류수越流水라고 한다. 빗물과 오폐수가 같은 하수관으로 흘러들어가는 합류식 방식이 채택되고 있는 유역에서 일어난다. 토쿄東京나 오사카大阪와 같이 오래전에 하수도가 보급된 지역은 이러한 합류식 방식을 아직도 채택하고 있으며, 실제 토쿄만東京灣 유역에서는 유역인구의 절반 정도가 지금도 이 방식으로 하수가 배수되고 있다. 이러한 지역에서는 비가 내리면 마이크로플라스틱이 하수처리장을 통하지 않고 직접 하천과 바다로 유입된다. 즉 지금과 같은 하수처리 시스템으로는 완전하게 마이크로플라스틱을 제거할 수 없다. 실제로 토쿄만에서도 마이크로비즈가 검출되었다(그림 2-7).

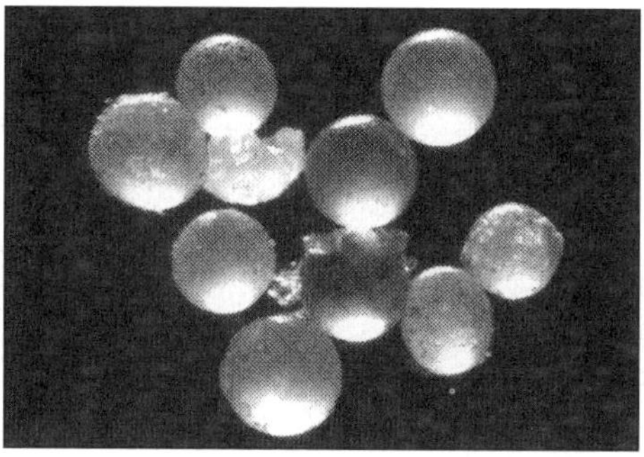

그림 2-7. 토쿄만東京灣 해수에서 검출된 마이크로비즈.

전 세계 바다를 떠도는 플라스틱

다양한 발생원으로부터 바다로 유입된 플라스틱이 어디에 얼마나 떠다니는지를 알아보기 위해 선박을 이용한 조사가 21세기 시작 무렵부터 본격적으로 이루어지고 있다. 2012년까지 조사된 결과를 바탕으로 정리한 것을 그림 2-8에 나타내었다[2※]. 흑백 그림이라 구분하기 어렵지만, 지중해와 흑해(Black Sea), 중동지역에서 인도, 동남아시아, 중국 그리고 일본에 이르는 인구 집적지인 유라시아 대륙의 남쪽 연안지역에서 바다를 떠다니고 있는 플라스틱의 양이 많은 것을 알 수 있다.

그림을 보면, 육지에서 떨어져 있는 외양의 몇몇 지역에서도 플라스틱이 모여 있는 장소가 있다. 북태평양, 남태평양, 북대서양, 남대서양 및 인도양의 5개 해역이다.

바다에는 크고 작은 다양한 물의 흐름이 있지만, 지구 규모로 보면 바다의 중앙에 큰 해류가 고리 모양으로 흐르고 있다. 이것을 환류環流(gyre)라고 한다. 환류의 한가운데에는 바람과 흐름이 없어

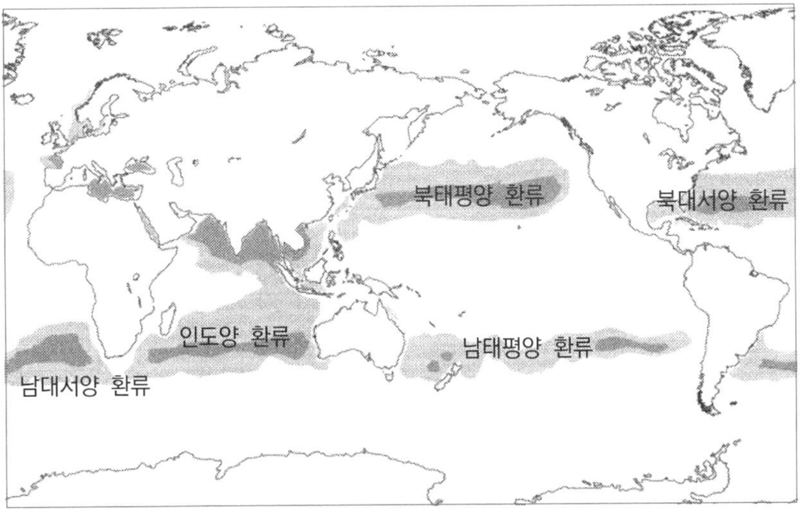

그림 2-8. 전 세계 바다를 떠다니는 플라스틱의 분포 밀도.

물질이 모이기 쉬운 장소가 된다. 육상에서 멀리 떨어진 해양의 중심부에 플라스틱이 모이는 것은 그곳이 환류의 중심부이기 때문이다.

전 세계의 바다에는 50억개 이상의 플라스틱이 떠다니고 있는 것으로 추정된다. 무게로 따지면, 약 27만톤의 플라스틱이 바다를 떠다니는 것이다.

최근 일본 주변의 바다에서 마이크로플라스틱의 오염 정도를 파악하는 공동조사가 이루어졌다. 환경성, 큐슈九州대학, 토쿄東京해양대학의 연구자들이 참가한 대규모 조사였다. 그 결과, 일본 근해에도 대량의 플라스틱이 떠다니고 있는 것을 알게 되었다. 일본의 플라스틱 사용량이 많은 것과 중국 남부와 동남아시아로부터 쿠로시오黑潮(Kuroshio)의 흐름을 타고 플라스틱이 운반되어 오는 것이 원인일 것이다.

마이크로플라스틱은 해면海面에 떠있는 것만이 아니다. 해저에도 축적되어 있다[4※]. 원래 물보다 가벼운 폴리에틸렌과 폴리프로필렌과 같은 마이크로플라스틱도 해저퇴적물에 축적되어 있다. 이것은 해수보다 비중이 작아 물에 떠 있어야 하는 플라스틱도 생물막이 부착하면 가라앉기 쉬워지기 때문이다. 특히 수 마이크로미터 크기의 마이크로플라스틱은 크기가 작아질수록 부피에 대한 표면적의 비율(비표면적)이 증가하여 표면에 부착한(비중이 1보다 큼) 생물막의 영향을 더 강하게 받기 때문에 침강하여 퇴적물 속으로 들어가게 된다.

물보다 비중이 큰 폴리머(polymer)이면 당연히 해저에 퇴적되지만, 실제로 지중해의 수심 1,000m 가까운 심해에도 페트병이 가라앉아 있다. 빛도 없고, 수온이 낮아 열화도 되지 않은 채 제품 형태 그대로 가라앉아 있다.

한편, 해저에 퇴적된 마이크로플라스틱으로부터 생물막이 벗겨져 다시 가벼워지면, 해면으로 재부상할 수도 있다. 해양 표면으로 떠오른 마이크로플라스틱에 다시 생물막이 부착하면 다시 침강하며, 이러한 생물막의 부착과 탈착에 의해 재침강과 재부상을 반복한다. 즉, 요요(yo-yo)처럼 마이크로플라스틱이 바다의 표면과 해저를 왔다 갔다 하는 과정을 생각할 수 있다. 다만, 퇴적물로 마이크로플라스틱이 축적되는 것은 확인되고 있지만, 재부상과 재침전 과정(yo-yo mechanism)은 아직 가설 단계이기 때문에 실측하여 검증할 필요가 있다[4※].

바다 생물의 플라스틱 섭취

바다를 떠다니는 플라스틱의 가장 큰 문제는 생물이 먹이로 착각하거나, 먹이와 함께 플라스틱을 섭취하여 체내에 플라스틱이 흡수되는 것이다[5※].

미드웨이 섬(Midway Atoll)의 신천옹(*Phoebastria albatrus*)이 대량의 플라스틱 파편을 먹이로 새끼에게 준 결과, 위속에 플라스틱이 쌓여 새끼가 죽는 것은 이전부터 조류학자들 사이에서 알려져 있다. 토쿄東京 농공대학의 연구그룹은 홋카이도北海道대학대학원 수산과학 연구원의 와타누키 유타카綿貫豊교수와의 공동연구로 쇠부리슴새(*Puffinus tenuirostris*)라는 바닷새를 조사하였다.

쇠부리슴새는 체중이 500g 정도의 바닷새이며, 남반구의 타스마니아(Tasmania)에서 북반구의 베링해(Bering Sea) 사이를 이동하는 것으로 알려져 있다. 이 새가 북반구의 베링해에 도착했을 때 그 당시 시료채취 허가를 얻은 어업용 유자망流刺網에 걸려 사망한 것을 해부하여 위 속을 조사하였다. 그리고 시료는 2005년에 채취된 것이며, 현재 이러한 어법은 이루어지지 않고 있다.

위를 해부한 사진을 그림 2-9에 나타내었다. 바닷새에는 위의 하부에 모래주머니라는 기관이 있다. 모래주머니에는 모래와 작은 돌이 들어 있어 음식물을 갈아서 소화를 돕는 역할을 한다.

해부하여 조사한 쇠부리슴새의 모래주머니에는 모래뿐만 아니라 다수의 플라스틱도 들어 있었다. 조사한 결과 12마리의 모든 쇠부리슴새 위 속에서 플라스틱이 발견되었다.

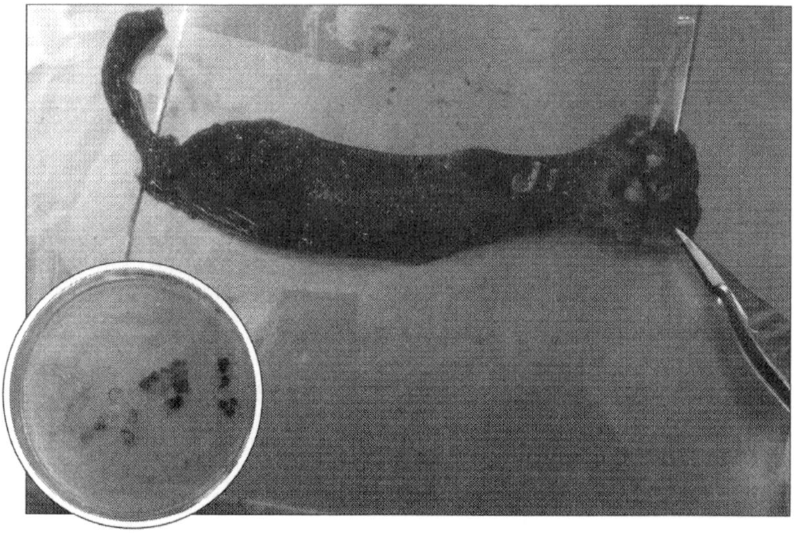

그림 2-9. 베링해의 쇠부리슴새 소화관 해부.

그림 2-10의 사진에 나타낸 것은 각각 한 마리의 바닷새 위 속에서 나온 것이다. 바닷새 한 마리에서 0.1~0.6g의 플라스틱이 검출되었다.

이것을 사람의 경우로 환산해 보자. 새의 체중은 약 500g이므로 인간의 체중을 50kg이라고 가정하면, 0.6g의 100배인 60g의 플라스틱이 우리들의 위 속에 있는 것으로 계산된다. 60g은 중간 크기의 계란 1개 정도의 무게에 해당한다.

그러면 약 60g의 플라스틱이 위 속에 들어있다고 상상해보자. 원래 음식물이 들어가는 곳에 소화할 수 없는 것이 들어가므로 음식물을 충분히 섭취할 수 없어 소화불량 또는 영양실조에 걸릴 가능성도 있다.

그림 2-10. 쇠부리슴새의 소화관에서 검출된 플라스틱.

플라스틱 중에는 뾰쪽한 것도 있기 때문에 위나 장 속에 상처를 낼 수도 있다. 뒤에서 설명하겠지만, 플라스틱에 들어있는 여러 가지 화학물질이 녹아 나와 체내에서 환경호르몬으로 작용하여 생식활동에 영향을 줄 가능성도 있다.

플라스틱이 대량으로 생산되기 시작한 1960년대 이후 다양한 바닷새를 대상으로 섭취한 플라스틱을 조사해 왔다. 쇠부리슴새의 경우 1970년의 조사에서는 약 절반의 개체에서 플라스틱이 검출되었다. 이후 1980년에는 이미 100%의 개체에서 플라스틱 검출이 보고되었다[※5]. 이와 같이 생물의 플라스틱 섭취 빈도는 매년 높아지고 있다. 지금까지 보고된 모든 결과를 바탕으로 지구의 모든 바닷새를 조사한다고 가정하면, 약 90%의 개체에서 플라스틱이 검출될 것이라는 추정도 있다.

바닷새를 예로 들었지만, 이외에도 바다거북, 고래, 그리고 물고기 등 200종 이상의 해양생물에서 플라스틱이 검출되었다. 당연히 섭취한 플라스틱에 의한 물리적인 손상도 있었다. 쇠부리슴새와 같이 본래 음식물이 들어가야 하는 곳에 플라스틱이 들어가 있기 때문에 충분히 영양분을 흡수하지 못하거나, 소화관의 내벽에 상처를 내는 것이 이미 보고가 되었다.

큰 플라스틱 쓰레기는 바닷새, 고래, 바다거북과 같은 비교적 크기가 큰 생물에 섭취되지만, 크기가 작아진 플라스틱은 그 크기에 맞추어 작은 크기의 생물에 들어간다. 구체적으로는 이매패류, 갯지렁이, 보리새우류와 게 등이다.

식재료로 인기 있는 벨기에산 진주담치와 프랑스산 굴에서의 마이크로플라스틱 발견도 보고되어 있다. 또한 중국 연안에서 이루어진 다양한 종류의 이매패류 조사에서도 모든 조사지점의 이매패류 소화관 속에서 마이크로플라스틱이 검출되었다.

야외에서 채취한 조개류에서 마이크로플라스틱이 발견되고 있으므로 당연히 식용으로 유통되는 어패류에서도 마이크로플라스틱이 검출될 것이다. 실제, 미국의 연구자가 미국과 인도네시아의 시장에서 판매하는 어패류에 대해 조사한 결과, 모두 마이크로플라스틱이 검출되었다고 보고하였다.

어패류의 마이크로플라스틱 섭취가 일본에서도 실제로 일어나고 있는지를 확인하기 위해 토쿄東京농공대학의 연구 그룹은 토쿄만東京灣에서 채취된 정어리를 조사하였다. 길이 10～20cm의 정어리 64마리의 소화관, 위, 장속의 내용물을 채취하여 알칼리로 분해한 후 녹지 않고 떠 있는 플라스틱을 측정한 결과, 80%에 해당하는 49마리에서 1개 이상의 플라스틱이 발견되었다. 이 중에는 크기가 수백㎛ 정도의 플라스틱이 들어 있는 개체도 있었다(그림 2-11)[※6].

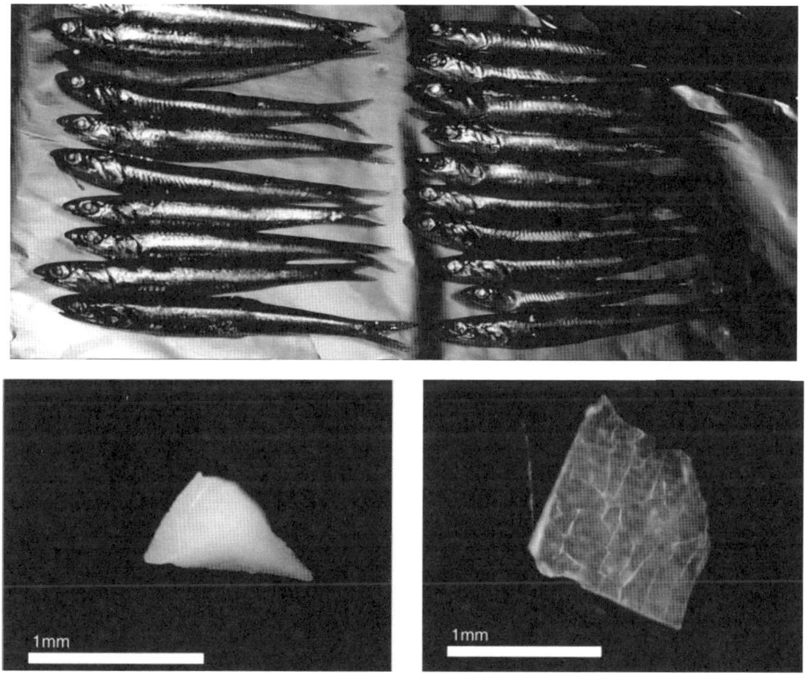

그림 2-11. 정어리(위쪽 사진)의 몸속에서 검출된 마이크로플라스틱.
아래쪽 사진의 왼쪽은 폴리에틸렌 파편, 오른쪽은 폴리프로필렌 파편.

정어리 한 마리에서 평균 2～3개, 최대 15개의 플라스틱이 검출되었고, 이 중에는 폴리에틸렌과 폴리프로필렌의 파편 그리고 마이크로비즈도 발견되었다.

이 정도 크기의 플라스틱이면, 인간이 먹어도 배설되므로 플라스틱이 들어있는 어패류를 섭취하더라도 바로 건강에 심각한 피해를 초래하는 것은 아니다.

그러나 이러한 마이크로플라스틱에는 인체에 유해한 오염물질이 들어있는 것이 문제가 된다. 이것은 뒤에서 설명하겠다.

그림 2-12에 토쿄만의 정어리에서 검출된 마이크로플라스틱의 형태별 비율을 나타내었다. 마이크로비즈는 7.3%, 화학섬유는 5.3%이고, 86%는 플라스틱 파편이었다. 마이크로비즈와 화학섬유는 물고기의 체내에서 검출된 마이크로플라스틱의 일부에 불과하다. 따라서 마이크로비즈와 특정의 화학섬유만을 규제하는 것으로는 문제가 해결되지 않는다. 플라스틱 제품의 파편이 바다로 들어가지 않도록 즉, 육상에서 사용하고 버리는 플라스틱의 규제와 폐기물 관리를 강화하지 않으면 문제를 해결할 수 없다.

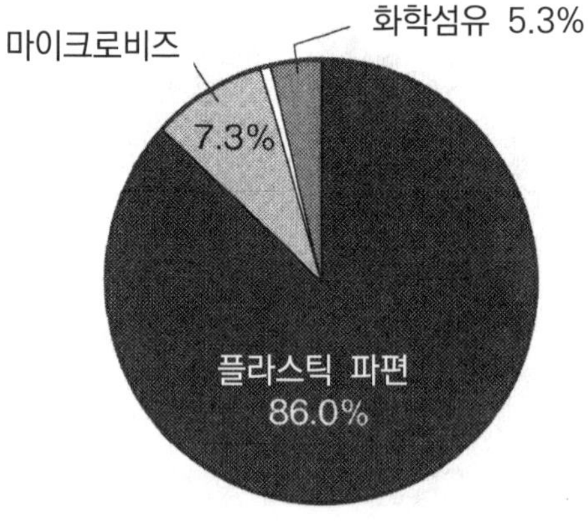

그림 2-12. 정어리에서 검출된 마이크로플라스틱의 형태별 비율.

위험한 운반체가 나르는 오염물질

앞에서 언급한 것과 같이 플라스틱은 생물에게 이물질이기 때문에 크기에 따라서는 플라스틱이 내장 손상과 같은 물리적인 악영향을 준다. 마찬가지로 마이크로플라스틱도 작은 생물에 물리적인 이물질로 작용한다. 미세한 폴리스틸렌 미립자에 노출된 굴에서 재생산능력 감소와 윤충(rotifer)의 항산화효소가 유도되는 것이 보고되었다[※2].

전 세계의 바다를 떠다니는 플라스틱은 단순히 물리적으로 유해한 물질에 그치지 않는다. 물리적인 악영향과 함께 플라스틱에 들어있는 화학물질도 우려된다. 해양을 떠다니는 플라스틱에는 100종류 이상의 해로운 물질 즉, 유해화학물질이 들어있다. 이러한 물질들은 크게 2개의 그룹으로 나눌 수 있다[※7]. 첫 번째 그룹은 원래부터 플라스틱에 들어있는 첨가제이며, 두 번째 그룹은 해수에서 플라스틱에 흡착된 것이다.

우선은 첫 번째 그룹에 대해 설명하겠다. 플라스틱은 석유에서 뽑아낸 폴리머(polymer)로 만들지만, 그 폴리머만으로는 목적으로 하는 기능을 유지, 발휘할 수 없다. 따라서 다양한 목적에 맞게 여러 가지 종류의 첨가제를 넣는다.

예를 들면 많은 플라스틱 제품에 유연하게 하는 첨가제와 자외선에 의해 열화되는 것을 방지하는 화학물질이 첨가된다. 게다가 플라스틱 제품끼리 서로 들어붙지 않도록 하는 첨가제가 더해지는 경우도 있다. 또한, 고온 고열의 장소에 사용되는 플라스틱 제품에는 연소되기 어렵게 하는 난연제도 첨가된다. 실제로 첨가제가 들어있지 않은 플라스틱제품을 찾는 것이 더 어렵다.

이러한 첨가제에는 인체에 유해한 성질을 가진 화학물질도 있다. 우리 주변의 플라스틱에서 검출된 유해한 몇 종류의 첨가제를 소개하겠다. 플라스틱 첨가제 또는 첨가제가 분해되어 생긴 물질로 노닐페놀(nonylphenol)이 있다. 이 화학물질은 사람의 몸속 또는 야생동물의 몸속에 들어가면, 여성호르몬처럼 작용하여 내분비계를 교란한다. 프롤로그에서도 설명한 이른바 환경호르몬의 일종이다. 내분비계가 교란되면 호르몬과 관련된 질환이 일어나기 쉬워진다는 것을 알게 되었다.

미국의 터프츠대학(Tufts University) 아나 소토(Ana Soto)박사는 실험에 사용한 플라스틱 튜브에서 용출된 노닐페놀이 사람의 유방암세포의 이상증식異常增殖을 일으킨다는 즉 노닐페놀이 내분비계를 교란한다는 것을 밝혔다※8. 물 환경에서는 노닐페놀이 물고기의 생식이상生殖異常을 일으키는 것도 밝혀졌으며, 이 때문에 일본에서는 환경기준도 설정되었다.

노닐페놀은 페트병의 뚜껑에 사용되고 있다. 일본을 포함하여 다양한 나라의 페트병 뚜껑을 모아서 노닐페놀을 측정한 결과, 약 절반의 국가에서 노닐페닐이 검출되었다. 일본의 생수병 뚜껑에서는 검출되지 않았지만, 탄산음료 뚜껑에서는 노닐페놀이 검출되었다※9.

노닐페놀은 다양한 첨가제의 단지 한 종류에 불과하다. 페트병 뚜껑을 조사하면, 노닐페놀 이외에도 프탈산에스테르(phthalate acid ester, PAE)류, 벤조트리아졸(benzotriazole)계 및 벤조페논(benzophenone)계, 자외선 흡수제와 같은 다양한 첨가제가 검출되었다. 프탈산에스터

(PAE)류와 자외선 흡수제는 비닐봉투와 식품용 플라스틱 용기에서도 검출된 첨가제이다.

이와 같이 우리가 일상생활에서 사용하는 플라스틱에는 다양한 첨가제가 들어있다. 플라스틱이 바다를 떠다니는 동안 이러한 첨가제가 해수로 용출된다. 한편으로 물에 녹기 어렵고, 기름에 녹기 쉬운 첨가제는 해수로 용출되는 속도가 느리기 때문에 바다를 떠다니는 오랜 기간 플라스틱에 잔류하는 것이 확인되었다.

예를 들면 외양에서 떠다니는 플라스틱에서 데카브로모디페닐에테르(Decabromo-diphenyl ether, DBDE)라는 유해한 첨가제가 검출되었다(그림 2-13)[※9]. 데카브로모디페닐에테르는 폴리브롬화디페닐에테르(Polybrominated diphenyl ethers, PBDE)라는 브롬계 난연제의 일종이다.

해양을 오염시키는 유해한 플라스틱의 두 번째 그룹은 주위로부터 독성이 높은 화학물질을 흡착하는 것이다[※9]. 제1장에서 설명한 것과 같이 해수에는 농도가 매우 낮지만, 잔류성유기오염물질(POPs)로 알려진 유해한 화학물질이 녹아 있다. 이것은 인간이 합성한 즉 인공화학물질이다.

POPs는 공업용 오일로 다양한 용도에 사용되는 폴리염화비페닐(PCB), 유기염소계 농약인 DDT(dichlorophenyltrichloroethane)와 DDT의 분해생성물 그리고 HCH(hexachloro-cyclohexane) 등이 대표적이다. 이러한 화학물질은 과거에는 대량으로 소비되었지만, 유해성이 확인되어 현재는 사용이 금지되었다. 그러나 쉽게 분해되지 않는 성질 때문에 과거에 사용되어 환경에 방출된 것이 여전히

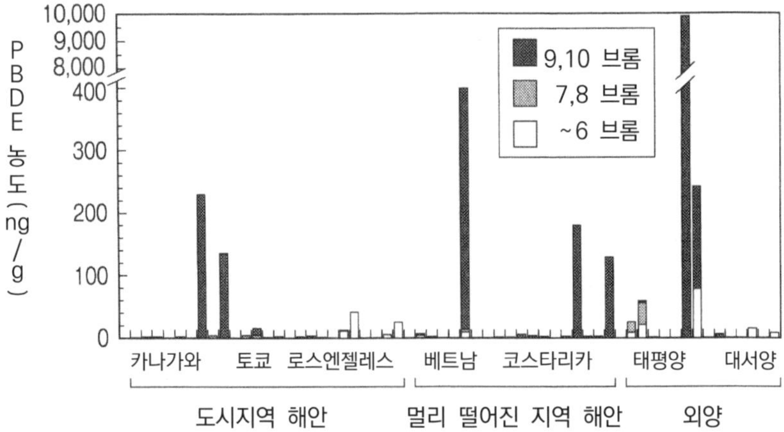

그림 2-13. 해양 표류 및 해안 표착 플라스틱 파편의 폴리브롬화디페닐에테르류(PBDE). 짙은 회색이 데카브로모디페닐에테르(DBDE)류.

환경을 오염시키고 있다.

이러한 화학물질은 해수에서의 농도는 낮지만, 기름에 녹기 쉬운 성질을 가지고 있다. 기름에 녹기 쉽기 때문에 생물의 지방부분에 녹기 쉬운 즉 잔류하기 쉬워진다. 이것이 「생물농축生物濃縮」이라는 현상이다. 생물농축으로 POPs가 지방에 농축되면 생체내의 농도가 높아져, 생물에 그 영향이 나타나는 경우가 있다. 이와 마찬가지로 해수에 잔류하는 유기오염물질이 플라스틱에 흡착되는 것이 최근 연구에서 알려지고 있다.

플라스틱은 일종의 고체상태의 기름이다. 석유로 합성하였기 때문에 석유 고유의 기본 골격, 즉 탄화수소의 사슬을 유지하고 있기 때문에 기름의 성질을 그대로 가지고 있다. 한편 POPs는 기름에 녹기 쉬운 성질을 가지고 있으므로 고체형태의 기름인 플라스틱에 점차 흡착되어 농축된다. 해수에서 플라스틱으로 흡착된 오염물질의 농도는 주변 해수의 농도에 비해 100만 배나 높은 경우도 있다. 이와 같이 플라스틱은 물속에서 유해 화학물질을 흡착하여 더욱 유해성이 높아진다.

플라스틱이 유해화학물질을 흡착하는 것은 토쿄東京농공대학 연구그룹이 20여년 전 토쿄만의 실험에서 밝혔다. 그리고 연구팀은 「International pellet watch」라는 모니터링 조사를 전개하여, 플라스틱의 유해성이 높아지는 것이 토쿄만 뿐만 아니라 지구 규모에서도 일어나고 있다는 것을 밝혔다[※10].

이 조사에서는 인터넷을 통해 전 세계에 호소하여 자원봉사자들이 해안에 떨어져 있는 플라스틱 알갱이(앞에서 언급한 레진펠렛)를 모아서 항공우편으로 토쿄농공대학으로 보내주고 있다(그림 2-14).

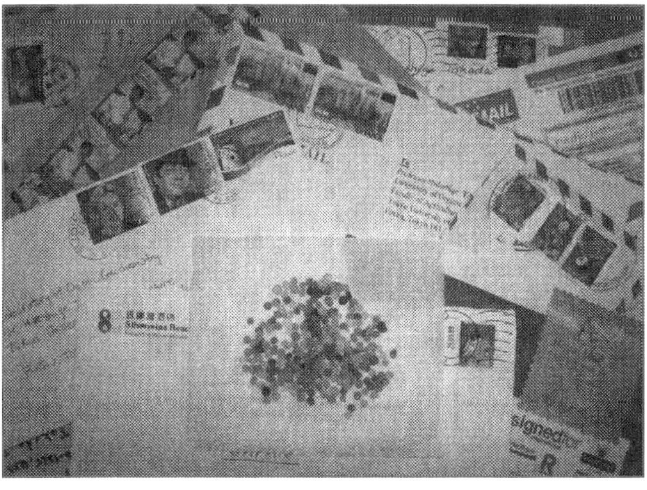

그림 2-14. 전 세계에서 국제우편으로 도착한 펠렛.

토쿄농공대학 연구그룹은 도착한 펠렛의 성분을 분석하여 펠렛 채취 국가 및 해안별로 어느 정도 오염물질이 흡착되어 있는지를 조사하고 있다.

연구그룹은 펠렛을 보내준 자원봉사자들에게 메일로 분석결과를 보고하는 것뿐만 아니라, 이 문제에 관심이 있는 전 세계의 사람들과 정보를 나눌 수 있도록 인터넷으로 결과를 공개하고 있다(http://pelletwatch.jp/). 이러한 활동에는 두 가지 목적이 있다.

한 가지는 최근의 해양오염 상황을 파악하는 것이다. 참가자 근처의 해역뿐만 아니라 전 세계의 해역별 오염현황을 일목요연하게 파악하는 것이다. 또 하나는 채취하여 보내 온 플라스틱이 얼마나 유해한 물질을 함유하고 있는지를 관측자에게 알리는 것이다. 자신의 주변환경이 플라스틱 쓰레기에 의해 오염된 정도를 알게 되면, 이 문제가 절실하고 시급하게 대응해야 할 문제라는 것을 당사자로서 이해할 수 있다. 해양 표류 플라스틱의 위험성을 스스로 체험을 통해 이해할 수 있다는 점에서 「International pellet watch」는 환경문제에 대한 계몽방법으로서 극히 유효한 것이라고 생각한다[※10].

앞에서 설명한 PCB는 벤젠(benzen)고리가 단결합單結合으로 연결된 비페닐(biphenyl)에 복수의 염소가 치환된 인공화학물질이다. 1960년대부터 1970년대 초까지 공업용도로 널리 사용되었던 기름이다. 절연유, 열매체, 윤활유 등 다양한 공업적 용도로 사용되었다. 그러나 가네미유증[7)] 사건을 계기로 PCB의 유해성이 알려져

7) 가네미유증(カネミ油症) : 1968년 일본 후쿠오카현福岡縣, 나가사키현長崎縣을 중심으로 한 서일본 일대에서 PCB가 혼합된 식용유를 섭취한 사람들에게 장애가 발생한 환경오염 관련 질병이다. 문제의 식용유를 섭취한 환자들은 색소가 침착된 아기를

사용이 금지 되었다. 이것은 식용 기름을 만드는 공장에서 열매체로 사용하는 PCB가 식용 기름에 혼입되어 그 기름을 섭취한 사람의 건강에 피해가 발생한 사례이다. 피부 장해와 간 손상뿐만 아니라 사망자도 나왔다.

PCB에는 기형, 암 유발, 면역력 저하와 같은 독성에 더해 환경 잔류성도 있다. 그러나 사용이 금지되기 전에 환경으로 방출된 PCB는 공업지대의 연안 해저퇴적물에 여전히 잔류하여 해저퇴적물과 재부유된 퇴적물로 부터 녹아나와 공업지대의 해수를 계속 오염시키고 있다.

PCB에 의한 해양오염은 International pellet watch 결과에서도 엿볼 수 있다. 그림 2-15는 세계 각 지역 해안에서 채취된 플라스틱 알갱이의 PCB농도를 나타낸 것이다. 각 지점의 막대 그래프의 높이가 PCB 농도를 나타내기 때문에 막대 그래프가 있는 곳에는 모두 PCB가 있다는 것을 의미한다. 남태평양의 이스터섬(Easter Island)과 갈라파고스제도, 대서양의 세인트헬레나섬(Saint Helena Island)과 아남극해의 매쿼리섬(Macquarie Island)과 같이 아무리 멀리 떨어진 외딴섬에서도 검출되고 있다. 이 그림을 보고 지구상의 곳곳에 PCB가 존재하는 것에 놀라는 사람도 많을 것이다.

낳았으며, 태반뿐 아니라 모유를 통해서도 신생아의 피부가 까만색으로 띄는 일도 있었다(네비버 지식백과사전).

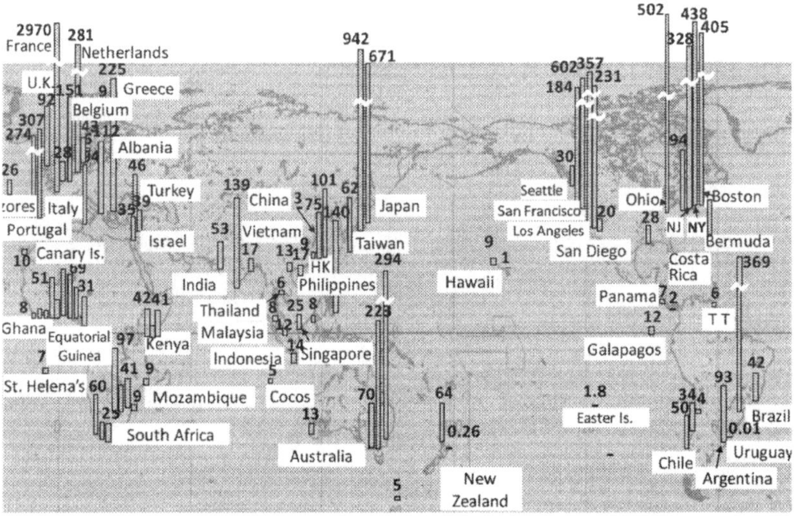

그림 2-15. 연안에 표착한 레진펠렛의 PCB 농도(ng/g).

대기와 해수를 통한 지구 규모의 순환에 의해 다양한 해역으로 PCB가 확산하고 있다. 게다가 플라스틱은 물에 떠서 먼 거리까지 운반되므로 흡착된 PCB도 멀리 떨어진 지역까지 운반된다. PCB와 같이 기름과 친화력이 큰 오염물질은 수 mm 정도 크기의 플라스틱에 대한 흡탈착 속도가 매우 느리기 때문에 평형에 도달할 때까지 1년 정도 걸린다. 이 때문에 일단 오염된 플라스틱이 비오염 지역까지 운반되는 동안 POPs가 탈착되지 않고 높은 농도를 그대로 유지하고 있는 펠렛이 발생원으로부터 멀리 떨어진 곳에서도 자주 관측된다[※9].

높은 농도의 오염물질이 들어있는 플라스틱이 먼 곳까지 운반되는 점이 생물체에서는 문제가 된다. 지금까지 자연계에서 기름과 친화력이 큰 오염물질의 운반매체는 현탁입자와 퇴적물이었지만,

이러한 매체는 발생원에 가까운 해역에서 가라앉기 때문에 먼 거리까지 운반되지 않는다. 그러나 플라스틱은 물에 떠서 먼 곳까지 흘러가기 때문에 오염물질을 멀리 떨어진 지역의 생태계까지 운반한다.

PCB 농도가 높은 지역은 미국의 동해안과 서해안, 일본의 토쿄만東京灣과 오사카만大阪灣 그리고 서유럽 등이다. 모두 선진국의 공업지대이다. 이러한 지역에는 과거에 사용했던 PCB가 해저퇴적물 속에 아직도 남아 있다. 이 PCB가 퇴적물과 재부유된 퇴적물로부터 녹아나와 해수를 오염시키고 있다. 이것은「유산遺産」이라는 의미를 가진「레거시(legacy)」라는 용어를 사용하여「레거시 오염」이라 부르고 있다.

앞에서 해저로 마이크로플라스틱이 침강과 재부유를 반복하는 요요 메커니즘(yo-yo mechanism)에 대해서 설명했다. 이 요요 과정에서 마이크로플라스틱이 해저 퇴적물의 PCB를 흡착한 채 재부유되어 해수로 다시 PCB가 용출되는 것도 생각할 수 있다. 즉 마이크로플라스틱이 퇴적되어 있는 과거의 오염물질을 소생시켜 레거시 오염을 오랫동안 지속시키는 것 같다. 재부유한 플라스틱은 해양을 떠다니면서 수평방향으로 넓게 오염을 확산시킬 뿐만 아니라, 퇴적물과 함께 수직방향의 오염도 확산시키는 역할을 하는 것 같다[7※].

성가시게도 이 운반체는 생물의 몸속까지 유해화학물질을 배달하고 있다. 이 때문에「트로이 목마」로 표현하는 연구자도 있다. 즉, 마이크로플라스틱이라는「트로이 목마」가 동물의 몸속에 쉽게 침입한 후 숨겨진 오염물질을 배출하여 신체에 나쁜 영향을 미치는 것이 최근의 연구에서 알려지고 있다.

생물체내로 위험한 물질의 이동과 축적

오염물질을 몸속으로 운반하는 「트로이 목마」에 관한 토쿄농공대학의 연구를 소개하겠다[11※]. 토쿄농공대학 연구그룹은 슴새(*Calonectris leucomelas*)라는 바닷새의 새끼에게 토쿄만에서 채취한 레진펠렛을 먹이에 섞어서 먹이는 사육실험을 했다.

연구팀은 사전에 토쿄만東京灣의 레진펠렛에 PCB가 흡착되어 있는 것을 확인한 후에 슴새의 암컷으로 PCB가 얼마나 이동하는지를 조사해보았다.

연구팀이 주목한 것은 암컷의 꽁지 깃털의 모근에 있는 우지선(uropygial gland, 羽脂腺)에서 분비된 지방성분(우지선 왁스)이다. 이 지방성분은 새가 깃털을 다듬을 때 바르는 지방으로, 몸속의 POPs 오염 수준(level)을 반영하는 것으로 알려져 있다.

토쿄만의 레진펠렛을 섭취한 새끼의 우지선 왁스에서 검출된 PCB 농도는 대조구 즉 레진펠렛을 섭취하지 않은 새끼에 비해 통계적으로 의미 있게 높은 것이 확인되어 섭취한 플라스틱으로부터 바닷새 몸속으로 화학물질이 이동하는 것을 시사하고 있었다.

그리고 연구팀은 다음 단계로 자연계의 생물에서도 플라스틱을 매개로 화학물질이 생물로 이동하는지를 조사했다. 앞에서 설명한 베링해에서 유자망에 포획된 쇠부리슴새 12개체를 조사한 결과,

12개체 모두의 소화관에서 플라스틱이 검출되었다.

이 12개체의 복강腹腔지방의 PCB 농도도 측정했다. 그 결과 위 속에 잔류하는 플라스틱 양이 많을수록 지방의 PCB 농도가 높아지는 관계가 확인되었다(그림 2-16). 이 결과에서 위속의 플라스틱에서 나온 PCB가 체내의 지방으로 이동하는 것이 시사되었다.

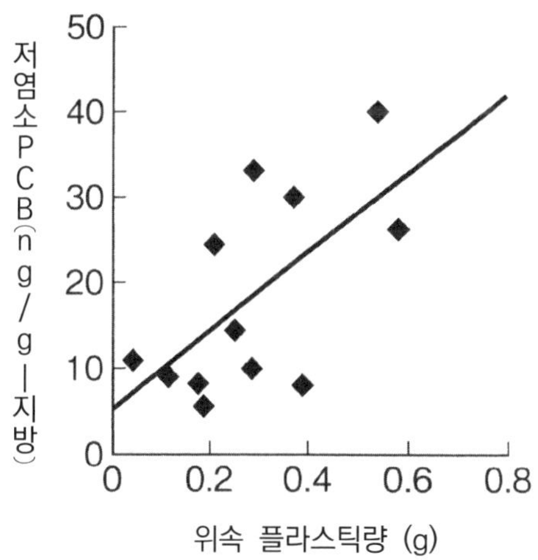

그림 2-16. 쇠부리슴새의 위속 플라스틱 양과 복강지방의 PCB 농도와의 관계(ng/g).

그러나 그림 2-16 그래프에서는 회귀직선이 원점을 통과하지 않고, 양(+)의 Y 절편 값을 가지고 있다. 이것은 플라스틱 쓰레기를 섭취하지 않은 쇠부리슴새도 원래부터 PCB에 노출되어 있는 것을 나타낸다. 태평양의 가장 북쪽 바다인 베링해(Bering Sea)에 살고 있는 바닷새가 어떻게 오염되었을까? 이 원인으로서 생각할 수 있는 것이 먹이사슬이다. 제1장에서 설명한 북극해에 서식하는 바다표범이 다이옥신에 오염된 것과 같은 원리이다(그림 2-17)[※11].

바다표범과 같이 쇠부리슴새도 먹이사슬의 높은 단계에 위치한다. 극히 미량의 PCB도 먹이 섭취를 통해 플랑크톤과 같은 부유미생물 → 소형 어류 → 대형 어류 → 쇠부리슴새라는 경로를 거쳐 가는 과정에서 농축된다.

이상을 정리하면, 쇠부리슴새의 PCB 노출에는 플라스틱 쓰레기를 섭취하는 경로와 먹이사슬을 경유하는 2종류가 있다. 다만, 이 두 경로의 기여 비율을 알지 못하면, 해양 플라스틱이 바닷새 오염물질의 원인으로 단정할 수 없다.

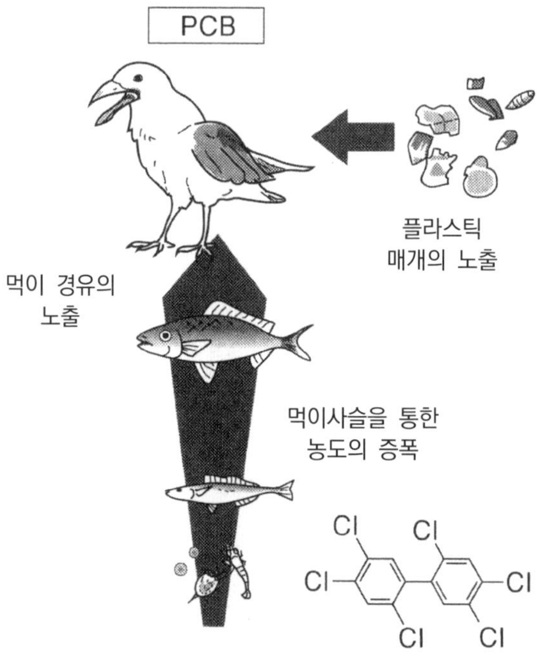

그림 2-17. 쇠부리슴새의 2가지 PCB 노출 경로.

그래서 연구팀은 플라스틱에는 들어 있지만, 먹이사슬을 통해서는 증폭增幅되지 않는 화학물질에 주목하였다. 그것이 바로 브롬계 난연제의 일종인 PBDE(poly-brominated biphenyl ether)이다.

PBDE에는 분자의 브롬원자 수가 적은 저브롬동족이성체와 브롬원자 수가 많은 고브롬동족이성체가 있다.

저브롬동족이성체는 해양 플라스틱에 들어 있으면서 동시에 먹이사슬을 통해 생물농축된다. 이에 비해 고브롬동족이성체는 해양 플라스틱에는 들어 있지만, 먹이사슬을 통해서는 증폭되지 않기 때문에 높은 단계에 위치한 생물로 이동하지 않는 것으로 알려져 있다. 실제 쇠부리슴새의 먹이가 되는 생물에서는 고브롬동족이성체가 검출되지 않았다. 고브롬동족이성체는 먹이사슬의 경로에서는 노출되지 않기 때문에 바닷새가 섭취한 플라스틱이 유일한 노출원일 것이다(그림 2-18)※11.

그래서 연구팀은 앞에서 PCB를 측정한 쇠부리슴새 12개체에서 복강腹腔지방의 PBDE도 함께 측정하였다. 전문적인 내용이기 때문에 결론만 말하면, 쇠부리슴새에서 검출된 고브롬동족이성체는 먹이사슬 경로가 아닌 해양 플라스틱에서 유래한 것임을 알았다. 역시 해양 플라스틱이 유해한 화학물질의 성가신 배달부였던 것이다.

그리고 해결해야하는 또 다른 과제는 첨가제로서 플라스틱에 주입한 화학물질이 생물조직으로 이동되는 정도를 파악하는 것이다.

2015년 이전까지는 플라스틱 파편에 들어있는 첨가제가 생물의 소화액으로는 간단하게 용출되지 않을 것이라는 것이 대부분 환경화학자들의 견해였다.

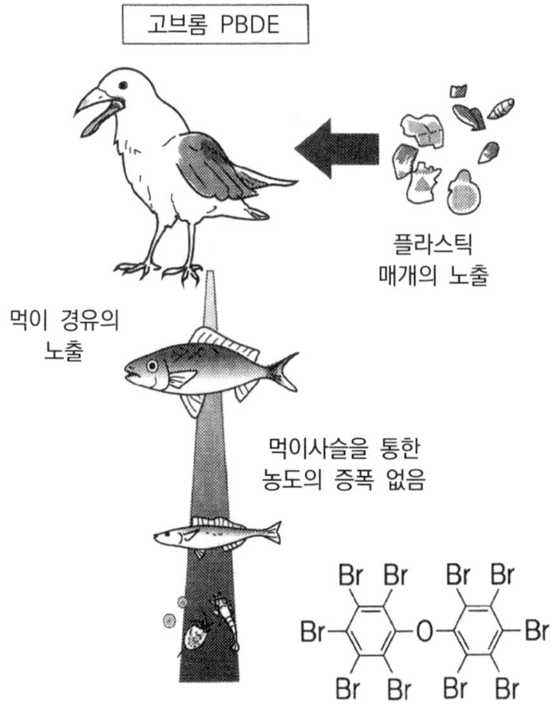

그림 2-18. 쇠부리슴새 먹이가 되는 생물에서 고브롬 동족이성체는 검출되지 않음.

그러나 생물은 복잡한 구조를 가지고 있다. 몇 종류의 바닷새, 예를 들면 슴새과(Procellariidae)는 먹이로 섭취한 물고기의 소화되지 않는 지방을 위 속에 가지고 있다(stomach oil이라고 함). 이 지방성분이 유기용매와 같은 작용을 하여 플라스틱으로부터 첨가제의 용출을 촉진한다는 것이 최근 밝혀졌다. 연구팀도 어유(생선에서 추출한 기름)와 바닷새로부터 직접 채취한 stomach oil을 사용하여 첨가제가 들어있는 플라스틱으로부터 실제로 용출이 일어나고 있는 것을 확인하였다[※11].

그리고 최근의 연구에 따르면 하와이, 갈라파고스제도, 남아프리카의 마리온섬과 같은 다른 해역의 바닷새에서도 플라스틱 첨가제가 몸의 조직으로 이동하는 것이 확인되어 생물오염이 지구 규모로 확대되는 것을 알 수 있었다. 또한 물고기와 패류에서도 섭취한 플라스틱으로부터 화학물질이 생물조직으로 이동하고 축적되는 것이 확인된다는 보고 사례도 있다.

오염의 급속한 진행

동물이 섭취한 플라스틱에서 용출된 화학물질이 몸속에 축적되면, 여러 가지 악영향 발생이 우려된다. 그러나 현 시점에서는 실제 환경, 즉 자연계의 서식생물을 대상으로 이루어진 조사에서 플라스틱에 들어있는 화학물질의 축적으로 이상현상이 발생한 보고 사례는 없다.

다만, 실내 실험에서 플라스틱에 들어있는 화학물질이 악영향을 미친다는 결과도 있다. 예를 들면 캘리포니아대학교 데이비스캠퍼스의 첼시 록맨(Chelsea M. Rochman) 박사는 척추동물의 생물독성을 조사할 때 사용되는 대표적인 시험생물인 송사리에 플라스틱을 먹이는 실험을 했다. 샌디에이고(San Diego) 항만 내에서 오염물질을 흡착시킨 플라스틱을 먹였더니 송사리의 간 기능이 저하하고, 간에 종양腫瘍이 생겼다고 한다※12. 다만 이 실험에서 사용한 플라스틱 양은 환경에서 발견되는 양 보다 훨씬 많은 양이다.

한편 플라스틱 제품에 들어있는 화학물질의 독성에 대해서는 아직 명확하게 밝혀지지 않은 부분이 많다. 그러나 이대로 대책을 세우지 않고, 물고기가 먹는 플라스틱 양이 늘어나면, 자연계에서도 악영향이 발생할 가능성은 부정할 수 없다.

폐기물 전문가로 알려진 조지아대학의 제나 잠백(Jenna R. Jambeck) 교수는 앞으로 아무런 대책을 세우지 않으면, 바다로 유입되는 플라스틱 양은 계속 증가할 것으로 예측하였다.

잠백(Jenna R. Jambeck) 교수는 2025년에는 바다를 떠다니는 플라스틱 양이 2010년의 10배로 증가할 것으로 추정하였다※13. 정말 그렇게 급증할까? 라고 의심하는 사람도 있겠지만, 해저퇴적물의 플라스틱 양을 조사해 보면 이 예측을 뒷받침하는 관측결과를 얻을 수 있다.

일본 황궁의 해자에 있는 표층과 주상퇴적물의 마이크로플라스틱 양을 측정한 조사에서도 마이크로플라스틱의 퇴적량이 단기간에 상승하고 있음을 알 수 있다(그림 2-19)※14.

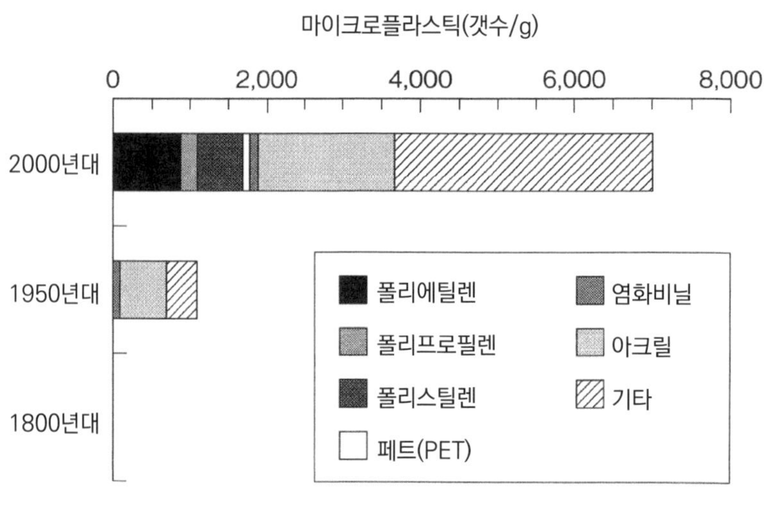

그림 2-19. 황궁 사쿠라다보리櫻田濠 해자의 퇴적물에서 발견된 마이크로플라스틱.

1800년, 1950년, 2000년의 퇴적물을 조사한 결과, 1800년대에는 자연계에 존재하지 않았던 마이크로플라스틱이 대량생산이 시작된 1950년대 시점에는 이미 검출되었고, 2000년대에 들어서면 1950년대의 몇 배에 이른다. 또한 마이크로플라스틱 오염의 진행은 동남아시아, 아프리카, 유럽의 퇴적물에서도 관측되었다. 즉 환경에서 플라스틱의 퇴적량은 전 세계적으로 증가하는 경향에 있다는 것은 틀림없다.

일회용 플라스틱의 저감

현 상태에서 물고기가 섭취하는 마이크로플라스틱의 유해화학물질 양으로부터 받는 노출 영향은 작을 것이다. 그러나 향후에 물고기가 섭취하는 플라스틱 양이 지금보다 10배 많아지면, 그 속에 들어있는 유해화학물질에 의해 물고기와 사람이 받는 노출 영향은 무시할 수 없을 것이다.

플라스틱 제품은 우리의 일상생활 곳곳에 침투해 있기 때문에 이것을 단기간에 줄이는 것은 곤란하다. 그러므로 눈에 띄는 피해가 나타나기 전에 손을 쓰는 것이 예방적인 대응으로서 중요하다. 이미 플라스틱 제품의 소비량을 줄이기 위한 국제적인 대응도 시작되었다[※15]. 바다로 들어간 플라스틱은 주로 일회용 플라스틱이기 때문에 비닐봉투, 페트병, 편의점 도시락 통, 플라스틱 재질의 빨대와 같은 일회용 플라스틱 제품의 사용을 가능한 줄여나가는 것이 필요하다. 그리고 대체품으로 분해되는 플라스틱 제품의 개발도 시급한 일이다.

그러나 이러한 대체품은 비용이 많이 들거나 기존 플라스틱 제품에 비해 기능성이 떨어지는 것이 많아 소비자가 어느 정도 불이익을 감수해야 하거나 불편을 느낄 수도 있다. 그러나 편리함만을 추구한 결과 우리가 계속 플라스틱 쓰레기를 배출하여 미래 세대에게 나쁜 유산을 남겨도 되는 것인가?

반복하여 설명하지만 플라스틱은 일단 환경에 배출되면 생물에 의해 분해되지 않고, 오랫동안 지구에 남는 잔류성이 높은 쓰레기로 미래 세대에게 나쁜 유산이 된다.

미국 원주민들에게는 「우리 인간은 자손으로부터 대지를 빌려 살아가고 있다」라는 지당한 말이 있다. 확실히 말 그대로 우리 인류는 자손으로부터 지구라는 행성을 빌려 살아가고 있는 존재이다. 다른 사람에게서 물건을 빌렸을 때 「지저분하지만 독은 아니니까 괜찮겠죠?」라고 하면서 돌려주는 사람은 없을 것이다.

플라스틱이 인체에 얼마나 유해한 물질인지는 아직 완전히 알지 못하지만, 이렇게 잔류성이 있는 「나쁜 유산」을 미래의 인류에게 상속할 수는 없다. 지금 당장 플라스틱제품을 줄이기 위한 시도를 해야 할 것이다.

(타카다 히데시게高田秀重 토쿄東京농공대학농학부 환경자원과학과 교수)

제3장

전 세계를 떠도는 수은

수은의 특징과 사용 역사

여러분은 「수은」이라는 단어를 들었을 때 무엇을 떠올릴까? 화학을 좋아하는 사람들은 「체온계와 혈압계에 사용되는 은색으로 빛나는 액체상태의 금속」, 공업제품에 대해 상세하게 알고 있는 사람들은 「형광등에 봉입된 증기」, 사회의 시사문제에 관심이 많은 당신은 「미나마타병水俣病의 원인물질」, 영양학에 흥미 있는 사람들은 「참치에 들어있는 유해물질」...... 그 이전에 「수은이라는 용어를 들어도 아무 생각이 안 난다....」라는 사람도 있을 것이다.

수은에 관한 몇몇 키워드를 위에서 살펴봤지만, 수은은 과학기술적으로 우수한 특징을 가진 한편, 사람을 비롯한 생물의 건강에 부정적인 측면도 함께 가지고 있는 것으로도 알려져 있다. 이러한 이면성을 가진 물질들이 우리 주변환경에 존재한다는 것은 프롤로그에서도 언급하였으며, 일부 물질은 촉매와 미생물로 분해가 가능하다. 그러나 수은은 존재량 자체는 변하지 않고 모습을 바꾸어 가면서 지구를 순환한다.

「수은이 모습을 바꾸면서 순환한다」라는 것에 의문을 가지는 사람도 있을 것이다. 이 의문을 해결하기 위해 수은의 화학적인 특징을 살펴보자.

수은의 화학적 특징

수은은 원자번호가 80인 원소로 원자량은 200.59이다. 수은은 다른 금속원소에 비해 끓는점과 어는점이 가장 낮아 끓는점은 357℃이고, 어는점은 39℃이다. 이러한 특징 때문에 가열하면 쉽게 기화氣化되고, 상온의 대기압에서 액체로 존재한다. 이렇게 상온에서 액체 상태로 존재하는 금속원소는 수은이 유일하다[1※].

액체 수은의 비중은 물의 13.6배나 되어, 철鐵 조차도 띄울 수 있다. 수은의 영어 표기인 Mercury는 로마 신화에 등장하는 전령의 신 메르쿠리우스(Mercurius)에서 유래하였고, 원소기호인 Hg는 라틴어의 hydrargyrum(물의 성질을 가진 은)이 근원이다. 독일어로는 Quecksilber(민첩한 은)로 불린다. 외형과 성질을 함께 나타낸 이름이다.

수은은 액체 상태로 존재할 뿐만 아니라 무기수은과 유기수은의 형태로 존재한다. 무기수은에는 홑원소물질(simple substance, 단체)인 가스상태의 금속수은(Hg^0)과 산화상태(Hg^+ 및 Hg^{2+}) 또는 황화물(sulfides)과 같은 화합물이 있다. 또한 유기수은에는 탄소와 결합한 메틸수은(CH_3Hg^+)과 디메틸수은($(CH_3)_2Hg$)이 있다. 자연계에서는 주로 Hg^0, Hg^{2+}, CH_3Hg^+의 형태로 존재한다.

우리 주변에는 화학형태에 따라 용도가 서로 다른 수은을 사용한 수많은 제품이 있다. 먼저 친숙한 액체 상태의 금속수은을 살펴보자. 중학교의 화학 수업에서 공부한 토리첼리의 실험(Torricelli's experiment)을 기억해 보자. 이 실험은 액체 상태의 금속수은을 사용하여 대기압을 측정하는 것이다. 각각 수은을 채운 용기와 유리관을 준비하고, 그림 3-1과 같이 용기에 유리관을 거꾸로 세우면, 유리관 속 수은의 수위가 내려가 용기의 수은 표면에서 760mm의 높이에 표선이 위치한다. 이것은 대기가 용기의 수은 표면을 누르는 힘(대기압 : 즉 용기 위의 공기의 무게)과 유리관 속의 수은 무게(수은주)가 균형을 이룬 상태이다. 이것을 1기압 또는 760mmHg라고 한다.

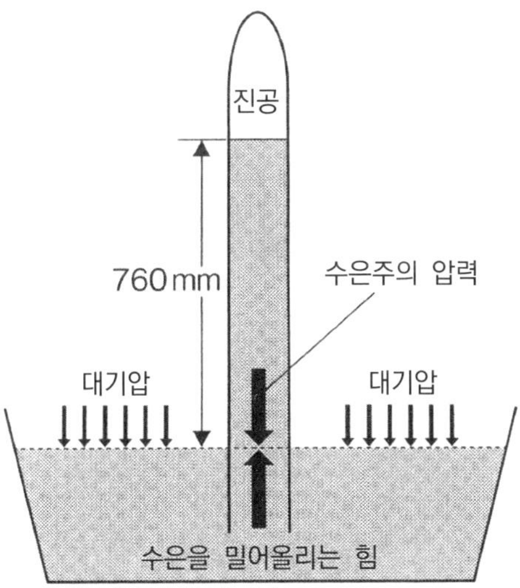

그림 3-1. 토리첼리의 실험 모식도.

기압이 높으면, 대기압이 커지기 때문에 수은주의 높이도 변한다. 이 원리를 이용한 계측기가 수은기압계이다. 같은 원리를 이용하여 혈압계도 만들어졌다. 또한 액체 상태의 금속수은은 체온계와 온도계에도 사용되고 있다. 이것은 온도가 높아지면 수은이 팽창하는 성질을 이용한 것이다.

액체상태의 금속수은을 가공한 것에는 충치를 때울 때 사용되는 충진재充填材도 있다. 수은은 금이나 은과 같은 다양한 금속을 녹이는 성질이 있으며, 이것을 수은 아말감이라고 한다. 이전에는 충치 치료에 이 아말감이 사용되었지만, 현재는 대부분의 치과에서 아말감 대신 합성수지 등을 사용한다.

가스 상태의 금속수은을 사용하는 사례로는 형광등이 있다. 형광등 속에는 아르곤(Argon), 네온(Neon), 크립톤(Krypton)과 같은 불활성 가스와 미량의 수은증기가 밀봉되어 있다. 형광등 속 양쪽 끝에 있는 전극 필라멘트에 전류를 흘리면 열전자가 방출되어 양끝의 전극 사이에 높은 전압이 걸려 방전이 일어난다. 이 때 전극에서 방출된 전자가 증기 상태의 수은 원자와 충돌하면 자외선이 발생한다. 이 자외선이 형광등의 내벽에 발라져 있는 형광도료에 에너지를 가해 가시광선이 방출된다. 이 외에도 지금은 그다지 볼 수 없지만, 살균 소독제로서 이용된 속칭 빨간약이라 불리는 머큐로크롬(mercurochrome)도 수은화합물로 만들어진 제품이다.

액체의 금속수은은 진사辰砂[8]라는 광물(그림 3-2)을 가열 처리하

---

8) 진사(辰砂, cinnabar) : 수정과 같은 결정구조를 가지는 육방정계에 속하는 수은황화물(HgS)로 수은을 정제하는 가장 일반적인 원료광석(출처 : 네이버 지식백과).

여 만든다. 진사란 수은과 황의 화합물(황화수은, HgS)을 말하며, 화산지대 부근에서 많이 산출된다. 진사는 원래 땅속 깊은 곳의 맨틀(mantle)에 들어있던 수은이 화산활동으로 지상에 방출되어 황과 결합하여 결정으로 된 것이다.

수은의 끓는점은 357℃이므로 진사를 가열하면 액체 수은을 만들 수 있다. 이 과정에서 일부는 기체가 되어 대기로 방출된다. 즉 수은은 단체 또는 화합물 형태로 액체, 고체 그리고 기체의 상태가 되는 매우 진귀한 금속이다. 이러한 수은의 특이성과 광범위한 용도는 오래전부터 주목받았지만, 당시의 사람들은 수은이 이렇게나 사람과 자연계 생물의 건강을 위협하는 물질이라고는 생각지도 못했을 것이다.

그림 3-2. 진사辰砂(사진제공 : Aflo).

수은에 매료된 위인들

인간과 수은의 역사는 기원전까지 거슬러 올라간다. 현대와 같은 인공염료가 없던 시대에는 자연계에 존재하는 선명한 주홍색의 진사를 가공하여 안료顔料로 사용하고 있었다. 오래된 것으로는 유럽에서 발견된 약 2만년 전의 동굴벽화와 일본의 조몬繩文시대와 야요이弥生시대의 유적에서 수은을 함유한 안료가 발견되었다. 일본에 남아있는 가장 오래된 수은의 기록은 AD 3세기말의 「기시와진덴魏志倭人伝」까지 거슬러 올라간다. 「기시와진덴魏志倭人伝」에는 「以朱丹塗其身體 如中國用粉也」라고 기록되어 있으며, 이것은 「중국에서 흰색 분칠을 하는 것처럼 몸에 붉은색 안료를 발랐다」라는 의미로 진사가 안료로 사용되었었던 것을 나타내고 있다.

또한 이탈리아 베수비오화산(Le Vésuve)의 대분화(AD 79년)로 하룻밤 사이에 폐허로 변한 폼페이 유적에서는 「Dionysus Ritual」이라는 프레스코(fresco) 벽화가 발견되어 벽화의 선명한 주홍색은 폼페이 레드(Pompei red)라고도 하며, 당시에도 진사와 연단鉛丹[9](산화납)이 사용되었던 것으로 생각된다.

안료의 용도 외에도 중국에서는 수은을 사용한 연단술鍊丹術[10]이 발전하였다. 당시 사람들은 진사를 가열하면 서서히 모양이 바뀌는 것을 알고, 진사를 영원히 순환하는 물질로 숭배하여 「단약丹藥」이라는 불로불사의 신비한 약으로 복용하였다. 그 결과 불행하게도 중국의 역대 황재들을 수은 중독에 의한 죽음으로 몰고 가게 되었다.

---

9) 연단(鉛丹, minium) : 단(丹)이라고 총칭하며, 광명단 또는 적연이라고도 한다. 인공적으로 제조되는 황색을 띤 적색안료. 화학성분은 납의 산화물(사산화삼납, Pb_3O_4)이다. 서양에서는 레드 리드(red lead)라고 한다.

10) 연단술(鍊丹術, Chinese alchemy) : 고대 중국의 도사가 부리던 기술의 하나로 진사와 같은 금속에서 추출한 액상수은(丹)을 먹어서 불로불사의 선인(신선)이 되거나, 비금속을 금으로 바꾸는 영약(선단仙丹)을 만드는 기술이다. 비금속을 귀금속으로 바꾸는 힘을 가진 불로불사의 엘릭서 현자의 돌(제5원소) 제조를 목적으로 하는 연금술과는 공통부분이 많다. 그러나 연금(금 제조)를 목적으로 하는 서양의 연금술과 대조적으로, 연단술은 불로불사를 주목적으로 한다는 점에서 연금술과 구분된다(출처 : 위키백과).

또한 수은은 연금술에서도 중요한 역할을 담당하는 물질로 알려져 있었다. 연금술의 최대 목적은 철이나 납 같은 금속을 귀금속인 금과 은으로 바꾸는 것과 불로불사의 약을 얻는 것이었다. 연금술사는 금을 포함한 모든 금속은 수은, 황, 염으로 되어 있다고 생각하였다. 특히 유동성이 있는 수은은 변성과정에서 금을 만들어 내는 물질로서 주목받았다.

연금술은 기원전 200년 고대 이집트를 시초로 로마제국, 중동, 인도, 중국까지 퍼져나갔으며, 16세기에는 진사로부터 수은을 제련製鍊하는 방법이 확립되었다. 고전역학의 창시자로 알려진 아이작 뉴턴(Isaac Newton, 1642～1727년)도 한때 연금술에 막대한 시간을 소비하여 수은에 중독되었다고 생각된다.

연금술로 수은에서 금을 제련할 때는 수은이 들어있는 재료를 가열하여 끓는점이 낮은 수은을 선택적으로 증발시킨다. 이 과정에서 뉴턴은 기체 상태의 수은을 대량으로 흡입했을 수도 있다. 또한 당시의 연금술사들은 만든 물질을 핥아 보는 습관이 있었다고 하므로 수은을 직접 섭취했을 가능성도 크다.

수은의 독성 크기는 화학형태에 따라 크게 다르며, 액체 상태의 금속수은은 위에서 흡수되지 않기 때문에 실수로 소량을 섭취하더라도 중독을 일으키지는 않을 것으로 생각된다. 그러나 액체 상태의 수은이 기화하여 수은 증기가 되면 독성이 강해진다. 폐로 흡수된 수은 증기는 호흡곤란과 경련을 일으키고, 위중해지면 사망에 이른다. 연금술에 푹 빠져 있었던 뉴턴은 정신상태가 이상해져 기행을 반복했다고 한다. 뉴턴이 죽은 후 유해의 머리카락을 분석한 결과 약 70～200ppm(ppm이란 parts per million, 백만분률 의미)이라는 매우 높은 농도의 수은이 검출되었다.

수은이 초래한 건강 피해는 연금술사에 그치지 않았다. 영국의 모자 제작자 중에는 모자의 펠트(felt) 제조과정에서 수은을 사용하고, 그 증기를 흡입하여 수은에 중독되어 정신착란을 일으킨 사람도 있었다고 한다. 루이스 케롤(Lewis Carrol)이 쓴 「이상한 나라 앨리스」(1865년 발행)에 기묘한 언동으로 앨리스를 곤란하게 하는 매드해터(미친 모자가게 의미)라는 캐릭터가 등장한다(영화 「앨리스 인 원더랜드」에서 조니 뎁이 연기한 배역). 이것도 역시 당시의 상황을 반영하고 있다.

그러면 일본에서는 어땠을까? 나라奈良의 대불[11] 건립에 관한 기록 「토다이지東大寺 다이부츠기大仏記」에는 수은 58,620량(약 2.2톤)과 금 10,446량(약 0.4톤)을 사용했다고 기록되어 있다. 수은이 금속과 합금을 만들기 쉬운 특징을 이용하여 수은과 금의 화합물을 불상의 주물에 칠한 후 불상 속에 숯불을 피워 가열하여 수은을 증발시키는 작업이 이루어졌다. 현재 일본에서 연간 사용하는 수은량이 10톤 이하이기 때문에, 이 양의 약 20%에 해당하는 수은이 매우 좁은 지역에서 사용되어 대기로 배출되었던 것이다. 이로 인해 몸 상태가 좋지 않다고 호소하는 사람들이 급증했기 때문에 사람들은 신이 노하여 내린 재앙으로 생각하고 두려워서 도성을 헤이조쿄平城京에서 나가오카쿄長岡京로 옮겼다는 설이 있다.

그러나 최근 헤이조쿄平城京와 그 주변지역에서 8세기 무렵의 토

11) 나라시奈良市의 토다이지東大寺에 있는 일본에서 가장 큰 금동불상.

양을 조사한 결과 수은 농도가 0.25ppm로 현재의 환경기준값(15ppm 이하)에 비해 충분히 낮은 것으로 나타났다[2※]. 수은을 증발시키는 공정에서 수은이 기화되었을 가능성이 있지만, 실제로 수은 때문에 건강에 미친 피해의 발생여부는 확실하지 않다(인류가 수은을 이용한 역사에 대해 상세하게 알고 싶은 사람은 참고문헌 3을 참조).

1850년 이후 지구규모의 급격한 수은오염

과거의 환경변동 정보를 기록하고 있는 귀중한 자료로서 남극과 그린랜드(Greeland)의 빙상이 있다. 빙상은 매년 내린 눈이 녹지 않고 겹겹이 쌓여서 자체 무게에 눌려 얼음이 된 것이다. 눈에는 당시 대기의 에어로졸(aerosol)과 가스성분이 들어 있으며, 얼음으로 바뀔 때 기포가 되어 얼음 속에 보존되어 있다. 이 빙상을 코어(core) 채굴기로 굴착하여 분석하면, 나무의 나이테와 같이 과거에서 현재까지 지구 규모의 시계열 환경변화를 밝힐 수 있다. 예를 들어 과거 수십만년의 정보를 기록하고 있는 남극의 빙상코어를 분석한 자료에서는 이산화탄소(CO_2)와 같은 온실효과 가스의 농도 상승이 나타난다.

미국 와이오밍주(Wyoming)에서 채취한 빙상코어 시료에는 수은의 농도변화 정보가 기록되어 있다(그림 3-3). 그래프를 보면, 인도네시아의 탐보라 화산 분화로 일시적으로 농도가 높았던 것을 제외하면 1850년 무렵까지는 낮은 농도로 안정하게 유지하고 있다. 이 낮은 농도값을 그 지역의 일반적인 농도(배경농도, background 값)라고 하면, 1850년 무렵부터 수은 농도가 높아지고 있다.

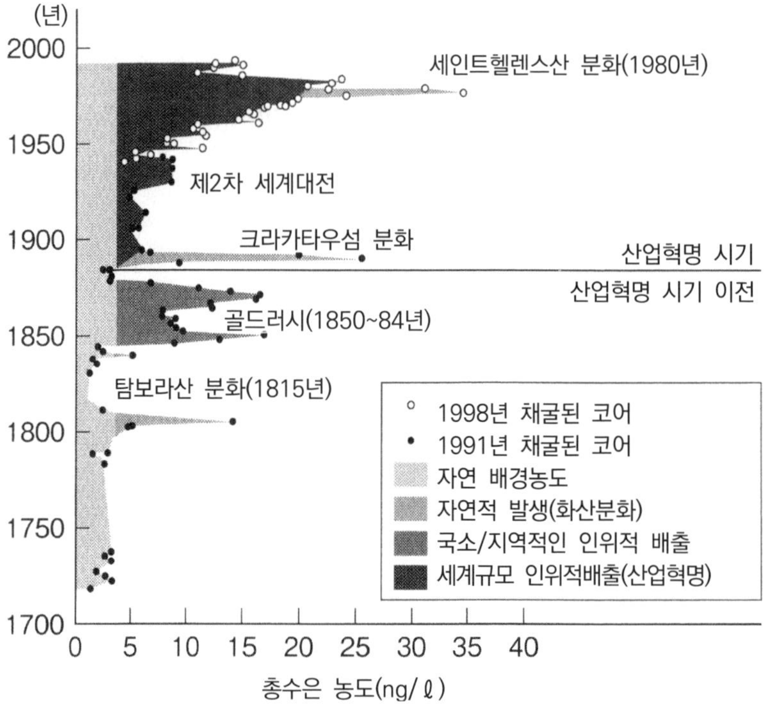

그림 3-3. 빙상코어에 기록된 수은 농도의 변화. 출처 : UNEP, 2013[4※]

이렇게 수은 농도가 높아지는 원인의 하나는 1800년대 후반 미국의 서부에서 일어난 골드러시(gold rush)로 생각된다. 특히 1848년 캘리포니아(California)의 골드러시가 유명하며, 다음해인 1849년에는 일확천금을 목적으로 금맥을 찾아 수많은 사람들이 모여들었다. 여담이지만, 그들은 "포티나이너(forty-niner)"라 불리며, 프로 미식축구팀 이름인 "샌프란시스코 포티나이너스(49ers)"의 유래가 되었다.

골드러시 초기에는 하천 바닥의 모래에서 사금砂金을 채취하는 작업이 반복되었다. 그러나 채굴꾼들의 최대 목적은 금맥을 찾아

내는 것이었기 때문에, 나중에는 딱딱한 바위를 폭파하여 금이 들어있는 암반이 표면에 들어나면 바위를 채굴하고 파쇄하여 고순도의 금을 추출하는 작업(=제련)이 이루어졌다.

이러한 제련작업에 수은이 사용되었다(나라奈良의 대불 제작과 같은 방법). 이 제련공정에서는 금을 함유한 광석과 수은을 혼합하고 가열하여 수은을 증발시키기 때문에 대기의 수은 농도가 지역적으로 급격하게 높아진 것으로 생각된다. 골드러시는 단기간에 미국뿐만 아니라 오스트레일리아, 뉴질랜드, 캐나다까지 퍼져나갔기 때문에 이것이 원인이 되어 대기의 수은 농도가 지구 규모로 높아졌을 가능성이 있다.

한편 1890년 무렵부터 현재까지 수은 농도가 급격하게 증가하고 있다. 이렇게 수은 농도가 급격하게 증가한 원인은 무엇일까? 18세기 중반부터 19세기에 걸친 산업혁명으로 석탄의 연소로 발생한 대량의 배출가스가 대기로 배출되었다. 석탄 1kg에 들어 있는 수은량은 0.05～0.2mg으로 미량이지만, 석탄 사용량에 따라서 수은의 방출량은 크게 달라진다.

산업혁명이 시작된 영국을 예로 들면, 연간 석탄 사용량이 산업혁명 이전에 수백만 톤이었던 것에 비해 1900년경에는 약 1.5억톤, 1920년경에는 약 2억 톤까지 많아졌다[5※]. 이렇게 수은 농도가 증가하는 시기와 석탄 연소로 대기의 이산화탄소가 증가한 시기가 같기 때문에 빙상코어에 나타나는 1900년 이후의 수은 농도 증가는 석탄이 주요 원인이라고 추측할 수 있다. 또한 산업혁명 이후에 연료로 사용된 석유에 들어 있던 수은도 농도의 상승을 가속시킨 것으로 생각된다.

수은오염 최대의 피해「미나마타병」

수은에 대해 이야기할 때 미나마타병을 빼고는 말할 수 없다. 이 책을 읽고 있는 여러분의 대부분은 초등학교의 사회 수업에서 환경오염에 기인한 질병에 대해 배웠을 것이다. 이 환경오염에 기인한 질병은 일본의 고도 성장기인 1950년대 후반부터 1970년대에 걸쳐 발생하여 사람의 건강에 심각한 피해를 입힌 것으로 미나마타병, 제2미나마타병(니가카新潟 미나마타병), 욧카이치시四日市 천식, 이타이이타이병이 있다.

미나마타병은 쿠마모토현熊本県 미나마타시水俣市에 있는 화학회사인 신일본질소비료(현재 칫소チッソ주식회사)의 공장폐수가 원인이다. 칫소는 1932년부터 합성섬유의 원료인 아세트알데히드(acetaldehyde) 생산을 시작했다. 이 제조공정에서 촉매로 사용된 무기수은(Hg^{2+})이 반응 과정에서 메틸수은으로 바뀌고, 이것이 시라누이해(不知火海, 야츠시로해八代海)로 유출된 것이 사태의 발단이다. 메틸수은은 유기수은의 일종으로 지용성이기 때문에 생물에 농축되기 쉬운 화합물이다. 즉 바다로 유출된 메틸수은이 생물농축으로 어패류에 축적되고, 그 어패류를 섭취한 사람들에게 피해가 발생한 것이다.

1956년 4월 미나마타시水俣市 츠키우라月浦 지구에 사는 5세 소녀가 손발이 저리고 보행장애와, 언어장애 같은 증상을 호소하여 신일본질소비료(당시) 미나마타 공장 부속병원에 입원한 것으로부터 사건이 시작되었다. 그 후에도 동일한 원인불명의 환자가 다수 나타났기 때문에 미나마타시, 부속병원, 시의 의사회, 보건소, 시립병원으로 구성된 희귀병 대책위원회가 설치되었으며, 위원회는 원인을 시급하게 해명하기 위해 쿠마모토熊本대학에 연구를 의뢰하였다.

그러나 연구초기단계에서는 원인을 밝혀내지 못하고, 전염병으로도 의심하였다. 그러나 1957년에 후생성(현 후생노동성)의 후생과학연구반은 「현재 가장 의심되는 것은 역학조사로 밝혀진 미나마타만水俣灣 항구에서 어획된 어패류 섭취로 인한 중독이다. 어패류를 오염시키는 중독성 물질의 실체는 아직 명확하지는 않지만, 이것은 아마도 어떤 종류의 화학물질 또는 금속류일 것으로 추측된다」라고 보고했다.

1959년 쿠마모토대학은 미나마타만에 이어진 핫켄百間 배수구의 오니를 채취하여 분석하였으나, 구리(Cu), 비소(As), 망간(Mn), 수은(Hg), 염소(Cl), 납(Pb), 셀레늄(Se), 탈륨(Tl), 과망간산($HMnO_4$)과 같은 10종류 이상의 유해물질이 검출되어 원인물질을 특정하는 데는 막대한 노력과 시간이 필요했다. 그러나 같은 해 구마무토대학의 연구팀은 해외 문헌으로부터 유기수은 중독증과 미나마타병의 증상이 유사하다는 것을 깨닫고, 「미나마타병의 원인물질은 수은화합물, 특히 유기수은일 것이라는 생각에 이르렀다」라고 보고했다.

신일본질소비료의 공장에서는 유기수은이 아닌 무기수은이 촉매로 사용되고 있었기 때문에 유기수은이 원인물질이라는 의견에 대해 반론도 있었다. 그러나 1967년에 아세트알데히드(acetaldehyde)의 생산설비로부터 채취한 침전물에서 드디어 메틸수은화합물을 발견하였다. 하지만 이 단계에서 미나마타병의 원인물질이 메틸수은

화합물이라고는 인식했으나, 경제발전이 먼저라고 생각했기 때문에 제대로 된 대책이 마련되지 않았다. 그 때문에 아세트알데히드의 제조를 중지한 것은 실제로 피해가 밝혀진 1956년에서 10년 이상이 지난 1968년이었다.

핫켄百間 배수구에 있는 안내판에는 1932년부터 1968년까지 「미나마타만에 배출된 수은의 총량은 약 70~150톤, 또는 그 이상이라고 알려져 있으며, 핫켄 배수구 부근에 수은을 함유한 오니汚泥의 퇴적 두께가 4m에 이르는 곳도 있었다」라고 기재되어 있다. 칫소로부터 정확한 수은 배출량은 보고되지 않았기 때문에 전모는 명확하지 않지만, 상당한 양이 국소적으로 배출되었던 것이 확실하다. 이 오니는 14년에 걸쳐 약 485억엔의 비용을 들여 회수와 매립이 이루어 졌다(미나마타병의 상세한 내용은 참고문헌 ※6, ※7을 참조).

미나마타병의 원인인 메틸수은의 대부분은 어패류의 섭취에서 유래한다. 메틸수은의 대부분은 소화관에서 흡수되어 혈액과 함께 몸속을 순환하면서 간과 신장, 뇌 등으로 이동한다. 높은 농도의 메틸수은에 노출되면 신경계에 작용하여 신경장해와 발달장해를 일으킨다.

일본 정부는 미나마타병과 같이 환경오염에 기인한 질병이 연이어 발병하는 사태에 대해 반성하고, 수은의 산업 이용에 엄격한 규제를 가했다. 이러한 규제로 인해 국소적으로 높은 농도의 메틸수은이 배출되는 일은 줄어들었고, 소아와 성인에서 메틸수은에 의한 신경장해가 발병하는 일도 거의 사라졌다. 그렇지만 낮은 농도에서도 민감도가 높은 태아가 메틸수은에 노출되면 발달에 영향을 미치는 것으로 알려져 최근 큰 문제가 되고 있다. 이것에 대해서는 제6장에서 상세하게 설명하겠다.

환경으로 방출된 수은이 어류에 흡수되는 과정

그림 3-4에 동물 체내로 흡수된 수은 농도의 연간 변화를 나타내었다. 북극권에 서식하는 몇 종류의 해양포유류는 산업혁명 이전에 비해 수은 농도가 급격하게 상승하는 것을 알 수 있다. 이것은 앞에서도 설명한 것처럼 화석연료의 연소에 의해 대기로 수은 배출량이 급증한 것과 관계가 있는 것 같다. 그렇다면 석탄 연소에 의해 대기로 배출된 수은은 환경에서 어떻게 순환하여 야생동물까지 도달했을까? 지구의 수은 순환 모식도(그림 3-5)를 살펴보자.

환경에 배출된 수은이 수역으로 이동하는 경로는 크게 2가지로 나눌 수 있다. 첫 번째는 배출원에서 직접 하천과 바다로 배출되는 경로이며, 두 번째는 배출원에서 대기를 경유하여 바다에 도달하는 경로이다.

첫 번째 경로의 대표적인 사례가 미나마타병이다. 또한 1950년 무렵부터 벼의 도열병 대책으로서 논에 아세트산페닐수은(phenylmercuric acetate)을 뿌린 예도 있다. 아세트산페닐수은은 독성이 강하기 때문에 1973년에 사용이 금지되었다. 이와 같이 수은으로 인한 피해 발생 이후, 일본뿐만 아니라 해외에서도 수은의 이용과 배출에 관한 규제가 강화되어 지역에 한정되어 발생하는 수은 문제는 매우 줄어들었다.

그러나 전 세계에서 수역으로 방출된 수은의 총량은 2015년을 기준으로 약 580톤으로 계산되었다. 게다가 소규모 금채굴(ASGM, Artisanal and Small Gold Mining)에서 방출되는 수은이 육상과 수역을 모두 합쳐 1,220톤에 이르는 것으로 추정된다[※5]. 앞으로 국소적인 수은 오염을 방지하기 위해서라도 수은이 들어있는 제품의 사용과 제조를 줄이고, 부득이하게 폐기하는 경우에도 적절한 회수와 관리가 중요하다.

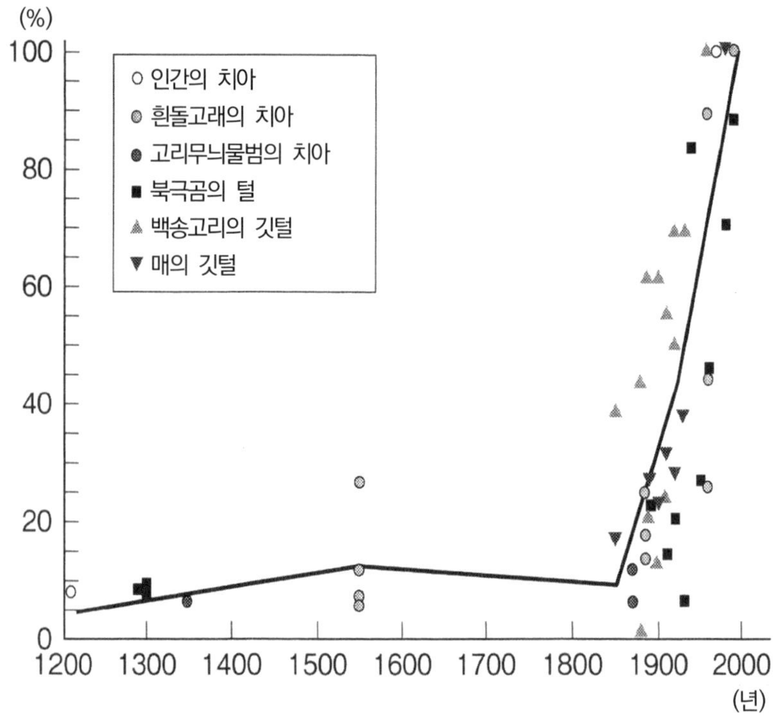

그림 3-4. 동물체내에 섭취 흡수된 수은 농도의 연간변화.

현재의 동물체내 농도를 100%로 계산. 출처 : UNEP, 2013[※4]

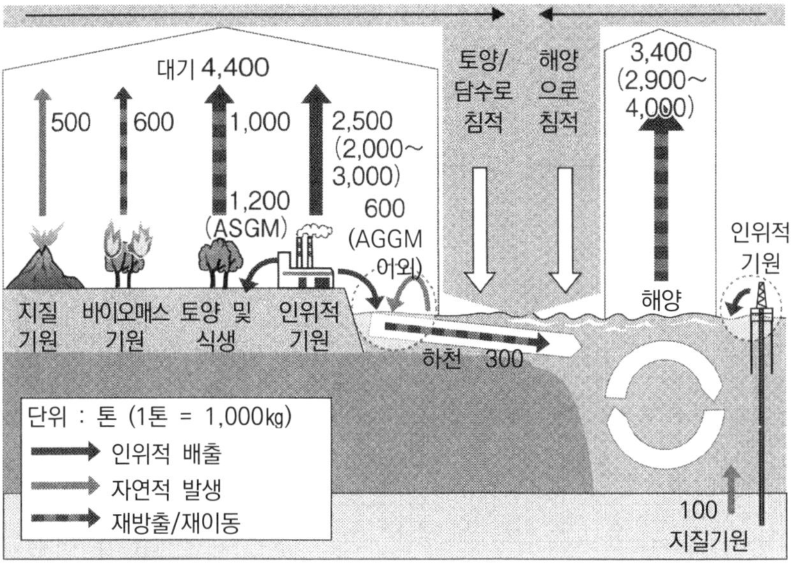

그림 3-5. 지구 규모의 수은 순환모델(ASGM은 소규모 금 채굴).
출처 : UNEP, 2019[※8]

한편 현재 우려되는 것은 수은 수송경로의 두 번째 경우인 대기를 통한 광역적인 수은 오염이다. 그림 3-5를 다시 한번 살펴보자. 육지의 발생원에서 대기로 배출된 수은은 대기를 경유하여 바다로 유입된다. 또한 그림에는 나타나지 않았지만, 수은의 일부는 미생물과 반응하여 메틸수은이 되어 생물농축을 일으킨다.

수은의 순환과정에서 대기로 배출된 수은의 화학적 형태가 중요하다. 수은은 화학적 형태에 따라 환경에서 거동이 크게 달라지며, 영향을 미치는 시간, 공간 및 정도에 차이가 생긴다.

대기환경에서 수은은 금속(Hg^0), 산화물(Hg^{2+}), 입자상태(Hg_p)로 존재하며, Hg^0의 존재 비율이 약 95%를 차지하고 있다. Hg^{2+}과

Hg_p는 반응성이 높기 때문에 대부분 배출원 근처에 침적되지만, 반응성이 낮은 Hg^0는 대기에서 체류시간이 약 1년 정도로 길어서 발생원으로부터 멀리 떨어진 장소까지 이동되기 때문에 수은의 순환과정에 영향을 미친다. 이동과정에서 Hg^0는 오존과 브롬에 의해 Hg^{2+}로 산화되어 토양, 하천, 해양으로 침적된다. 해양에 들어간 Hg^{2+}의 일부는 미생물과 반응하여 메틸화되어 먹이사슬을 통해 농축된다.

해양에서는 메틸수은이 자외선에 노출되면 광환원光還元 반응으로 탈메틸화되어 Hg^0가 대기로 재방출되는 과정도 일어난다고 생각된다(이러한 광환원 반응에 의한 탈메틸화의 지표로서 수은의 안정동위원소의 이용이 기대되며, 상세한 내용은 뒷부분의 칼럼을 참조하기 바란다).

지역적으로 한정된 수은 오염의 경우에 비해 지구 규모에서 진행되는 오염은 수은이 배출된 후부터 문제가 발생하기까지의 속도는 완만하다. 게다가 일상생활에서 수은 문제를 생각하는 일은 거의 없을 것이다. 그렇지만 현실은 환경에서 수은 농도가 점차 증가하는 경향이므로 우리의 건강에 대한 위해성(risk)이 높아지고 있다.

수은이 건강에 미치는 위해성(risk)을 낮추기 위해서는 지금까지 배출된 수은의 회수와 보관 그리고 수은의 사용을 줄일 필요가 있다. 산업혁명 이후의 주요한 수은 배출원은 석탄 연소이지만, 최근의 경향을 파악하기 위해 그림 3-5를 다시 살펴보자.

연간 대기로 방출되는 수은의 배출량은, 화산가스와 같은 지질기원이 500톤, 식물의 연소가 600톤, 토양과 식생植生으로부터 1,000톤, 인위적인 배출이 2,000~3,000톤으로 추정된다.

이 중에서 3,600톤이 육지, 3,800톤이 해양으로 떨어지며, 하천으로부터 해양으로 유입되는 양은 300톤으로 추정된다. 한편, 해양에서 대기로 재방출되는 양은 2,900~4,000톤으로 추정된다.

2015년에 인위적으로 대기에 배출된 수은의 총량은 2,220톤이며, 배출원별 기여율은 소규모 금 채굴이 38%로 가장 많았다. 그 다음으로 석탄 연소 21%, 비철금속생산 15%, 시멘트 정제 11%의 순서로 계산되었다(그림 3-6 오른쪽).

또한 배출된 수은의 지역별 기여율은 아시아가 49%, 중남미 21%, 아프리카가 17%를 차지하였다(그림 3-6 왼쪽). 이들 지역에서는 소규모 금 채굴도 이루어지고 있어 수은 배출량도 점차 증가하고 있다. 개발도상국에서의 금 채굴은 가족과 마을 단위의 소규모로 이루어지기 때문에 「값싸고 간단」하다는 이유로 금 추출에 대량의 수은이 사용되고 있다.

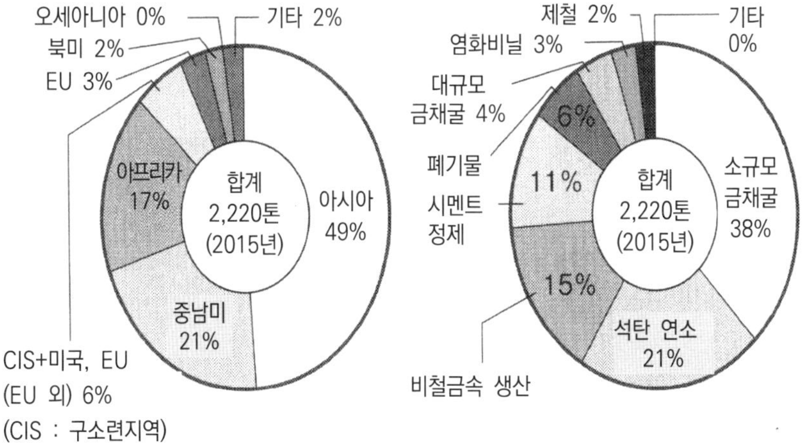

그림 3-6. 배출원별 대기로 수은 배출량(오른쪽)과 전 세계의 지역별 대기로 수은 배출량(왼쪽). 출처 : UNEP, 2019[8※]

소규모 금 채굴은 금광상金鑛床과 하천 바닥의 모래에서 금을 채굴하고 있다. 그림 3-7과 같이 사금砂金이 들어있는 흙탕물에 수은을 섞어 금과 수은의 합금을 만든 후에 버너로 가열하여 수은만 증발시킨다. 이 때 대기로 높은 농도의 수은이 배출되어 금 채굴 현장의 노동자와 가족이 수은 증기에 노출되어 중독을 일으킨다. 게다가 증발한 수은은 빗물에 씻겨 하천으로 유입된다. 하천에 유입된 수은의 일부는 독성이 높은 메틸수은으로 바뀌어 어패류에 축적되고, 수은이 들어있는 물고기를 섭취하여 건강에 피해를 일으킨다.

이와 같이 일단 넓은 지역으로 확산된 수은을 회수하는 데는 막대한 노력과 시간이 걸린다. 예방책으로서 수은의 배출원 특히 소규모 금 채굴에서 수은 사용을 줄이는 것이 지구 규모에서 수은 오염을 낮추기 위한 큰 과제라고 할 수 있다. 또한 앞에서도 설명한 것처럼, 수은이 들어있는 제품이 여전히 사용되고 있으므로 제조를 줄이는 것과 발생한 폐기물을 적절하게 관리하고 회수하는 대책이 필요할 것이다.

그림 3-7. 소규모 금 채굴 사진. 사진제공 : Afro

대기의 수은 관측

인위적 또는 자연적 기원으로부터 배출 또는 방출된 수은이 사람과 생태계에 미치는 영향을 조사하기 위해서는 지속적인 모니터링이 중요하다. 따라서 현재 다양한 나라에서 관측 네트워크가 조직되어 있다. 미국에는 빗물을 관측하는 Mercury Deposition Network(MDN), 캐나다는 수은을 화학형태별로 분석하는 Canadian Atmospheric Mercury Measurement Network(CAMNet)가 있다. 일본은 2007년부터 환경성에서 오키나와현沖縄縣 헤도곶辺戸岬에서 화학형태별로 분석하고 있다. 헤도곶은 오키나와 본섬의 최북단에 위치하고 있다(그림 3-8).

그림 3-8. 오키나와현沖縄県 헤도곶辺戸岬의 대기 수은 관측 위치(왼쪽), 관측시설 전경(오른쪽).

사진에서도 알 수 있듯이 눈앞에 바다가 펼쳐져 있고, 주위에 눈에 띄는 인위적 발생원이 없기 때문에 예를 들어 수은의 주간과 야간의 거동 그리고 겨울에는 대륙으로부터 계절풍에 의한 대기오염물질의 장거리 수송을 관측하는데도 적합한 지점이다.

관측 항목은 기체인 금속수은, 수은산화물 그리고 입자상 수은을 연속적으로 관측하고 있다. 또한 빗물의 수은 농도도 미국환경보호청(EPA)의 방법(Method 1631)에 따라 관측하고 있다. Hg^0의 농도는 1～2ng/㎥ 정도이고, 최근에 완만하게 감소하고 있는 것 같다.

수은의 발생원 근처를 제외하고, 대기의 금속수은(Hg^0)은 지구 전체에서 거의 비슷한 농도이다. 수은이 대기로 배출된 후 육지와 바다로 침적될 때 까지 약 1년 정도 시간이 걸리기 때문에, 그 사이에 금속수은(Hg^0)은 이동하여 지구를 여러 바퀴 돌아서 지구 전체에서 농도가 균일해진 것으로 생각된다. 한편, 헤도곶 관측 데이터에서는 단기간에 일시적으로 농도가 높아지는 경우도 있다. 이것은 어떠한 특정 발생원의 영향으로 생각된다.

데이터를 자세히 살펴보면, 특히 겨울철은 저기압이 일본의 남쪽 연안을 통과하며, 한랭전선이 오키나와 부근을 통과할 때 일시적으로 수은 농도가 상승한 후 원래대로 되돌아가는 변화를 나타낸다. 이것은 아마도 중국 기원의 농도가 높은 수은이 들어있는 기단이 저기압에 끌려들어 갔을 가능성을 생각할 수 있다. 대기로 배출되는 전 세계 수은 배출량의 절반은 아시아 지역에서 방출한 것이며, 이 중에서 약 30%가 중국에서 방출되었다. 중국에서는 겨울철 난방에 석탄을 사용하기 때문에 겨울철에 일시적으로 헤도곶에서 금속수은(Hg^0)이 높아진 원인일 수도 있다.

중금속을 규제한 최초의 국제협약

미나마타병의 교훈을 되새기고 수은과 수은화합물의 인위적인 배출 및 방출로부터 사람의 건강과 환경보호를 목적으로 「수은에 관한 미나마타협약(영문명 : Minamata Convention on Mercury)」이 2013년에 체결되어 2017년 8월에 발효되었다. 미나마타협약은 미나마타병과 같은 건강 피해와 환경 파괴를 반복하지 않겠다는 결의로부터 명명되었다. 이 협약의 목적은 가맹국이 서로 협력하여 다음 사항을 실행하는 것이다.

- 새로운 수은의 채굴금지와 공급의 제한
- 수은 함유 제품의 사용 금지
- 제품의 제조과정에서 수은 사용 금지
- 수은의 국제무역 제한
- 소규모 금 채굴의 제한
- 대기·물·토양으로 수은의 배출 삭감
- 수은, 수은화합물과 수은폐기물의 적정한 보관과 관리
- 개발도상국에 자금과 기술 지원

앞으로 이 협약이 유효하게 기능하고 있는지의 여부를 확인하기 위해 정기적으로 환경과 사람의 수은 농도를 계측하는 모니터링이 더욱 중요해질 것이다. 미나마타병을 경험한 일본은 수은에 의한 환경오염을 방지하기 위해 환경기본법과 수질오탁방지법에서 환경기준을 설정하고 있다. 또한 미나마타협약 체결 후에는 수은의 사용과 저장에 관하여 수은환경오염방지법이 새롭게 제정되었으

며, 대기오염방지법의 일부도 개정되었다. 협약 발효 후에는 수은에서 벗어나는 사회를 목표로 하는 노력의 강화가 기대된다.

그러면 일본의 수은 소비량을 시계열로 살펴보자(그림 3-9). 1950년대부터 급격하게 상승하여 피크는 1964년이었다. 그 후 수은 사용량이 크게 감소하여 2010년도의 수은 수요는 연간 8톤 정도이며, 주된 용도는 조명(형광등 등), 계측·제어기(체온계, 혈압계 등), 무기약품(안료, 시약 등)과 전지이다. 1974년에는 의약품, 화장품, 농약에 수은의 사용이 금지되었고, 1995년에는 수은전지의 생산도 중지되어 현재는 단추형 건전지에 미량의 수은이 사용되고 있을 뿐이다. 또한 현재 일본에서는 광산에서 수은을 채굴하지 않고, 수입과 일본 내에서 회수와 재활용된 수은을 사용하고 있다. 또한 2020년에는 전지와 일정 함유량 이상의 조명기구, 화장품 등 금지제품 리스트에 기재된 수은첨가제품의 조제와 수출입이 금지된다.

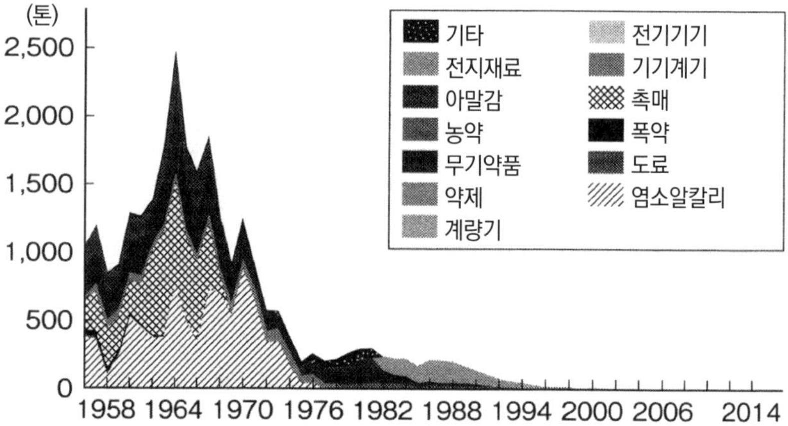

그림 3-9. 일본의 수은 수요 변화.

출처 : 자원통계연보·비철금속 등 수급동태통계로부터 환경성 작성

일본은 미나마타병을 계기로 제품 제조과정에서 수은의 사용 금지와 배출가스에 대한 대책이 마련되어, 최근에는 대기 배출량이 약 20톤까지 줄었다. 일본은 미나마타병이 발생한 나라이기 때문에 협약 발효에 따른 다양한 대책들이 다른 나라의 선도가 될 것으로 기대된다.

우리가 할 수 있는 수은 오염대책

형광등과 수은 체온계와 같이 수은이 사용된 제품이 파손되었을 경우 어떻게 될까? 수은 체온계의 유리관이 파손되어 액체의 금속 수은을 잘못 먹게 되더라도 소화관에서 흡수되는 양이 적기 때문에 거의 무해하고, 2～3일 사이에 배출된다. 그러나 사방으로 흩어진 수은을 그대로 방치하면, 휘발하여 수은 증기가 되어 체내로 흡수되며, 노출된 정도(level)에 따라 정신과 운동기능의 저하, 단기적인 기억장해, 떨림과 같은 신경계에 영향을 미친다. 우선은 파손되지 않도록 신중히 취급하는 것이 중요하지만, 파손되었을 경우에는 수은이 비산飛散되지 않도록 유리병과 비닐봉투에 넣어 밀폐한 후 적절하게 처분해야 한다.

수은을 처분할 때는 반드시 분리하여 일반폐기물과 함께 버려지는 일이 없도록 해야 한다. 일본에서는 가정에서 배출되는 수은이 들어있는 제품의 회수방법은 지자체별로 다르며, 기존의 쓰레기 분리수거함에 재활용 쓰레기로 배출하는 방법과 미리 회수일과 장소를 설정하여 회수하는 방법이 있다. 또한 형광등과 같은 생활가전제품은 가전제품 판매점으로 반입이 가능한 경우도 있다. 폐기할 수은 제품이 발생한 경우에는 거주지역의 지자체에 문의하는 것이 좋다.

(야마카와 아카네山川茜 국립환경연구소 환경계측연구센터 주임연구원)

COLUMN

수은의 거동 파악을 위한 최신 분석기술

- 동위원소 수준의 수은 조사 -

이 칼럼에서는 환경의 수은 계측 방법으로 최신의 기술이며, 필자의 연구 테마인 수은의 동위원소분석에 대해 소개하겠다. 수은은 환경에서 다양한 반응 과정을 거쳐 화학 형태를 바꾸어 가면서 지구를 순환한다. 예를 들면 해양에서 메틸수은은 먹이사슬을 통해 생물농축되는 한편, 메틸수은을 무기수은으로 되돌리는 반응도 있다(그림 1). 이와 같이 수은은 환경에서 화학 형태를 바꾸어 가면서 순환하므로 수은의 거동을 이해하기 위해서는 반응 기작을 해명하는 것이 중요하다. 이러한 반응 기작의 중요한 지표가 될 수 있을 것으로 기대되는 연구방법으로 수은동위원소분석이 있다.

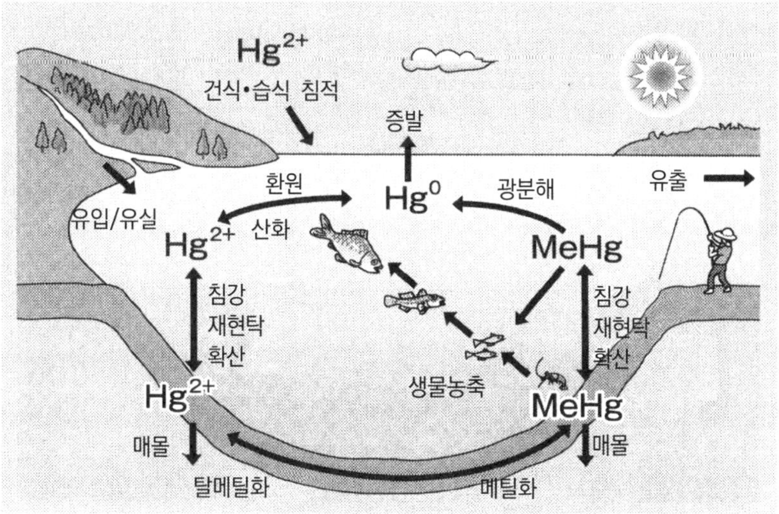

그림 1. 환경에서 수은의 순환(MeHg는 메틸수은을 나타냄).

동위원소는 같은 원소이지만 원자핵 내의 중성자 수가 다른 원자를 말한다. 동위원소에는 방사능을 가진 「방사성동위원소」와 방사능을 가지지 않는 「안정동위원소」가 있으며, 수은동위원소는 후자이다. 방사성동위원소는 불안정하여 시간이 지날수록 전자, 양성자, 중성자를 방출한다(방사붕괴放射崩壞).

한편 안정동위원소는 자연계에서 일정한 비율로 안정하게 존재한다. 다만 이 존재비는 일정하지 않고, 자연계에서 일어나는 다양한 현상에서 미소하게나마 변화한다. 이것은 같은 원소이지만, 가벼운 안정동위원소와 무거운 안정동위원소의 움직이는 속도가 다르기 때문이다.

물리·화학적 과정을 통해 동위원소비가 변하는 것을 「동위원소분별同位元素分別」이라고 하며, 동위원소의 질량에 의존하여 동위원소분별이 일어나는 것을 「질량의존형質量依存形동위원소분별(Mass Dependent Fractionation, MDF)」이라고 한다.

수은의 원자량은 200.59이다. 수은에는 7개의 안정동위원소가 있고, 각각의 존재비율은 다르다(196: 0.15%, 198: 9.97%, 199: 16.87%, 200: 23.10%, 201: 13.18%, 202: 29.86%, 204: 6.87%).

수은과 같이 비교적 질량이 큰 원소의 경우 존재 비율의 변화는 매우 작지만, 최근에는 분석기술의 향상으로 다양한 물질에서 동위원소분별을 검출할 수 있게 되었다[9※].

그러면 동위원소분별 정도를 표기하는 방법을 간단히 설명하겠다.

각 물질별 동위원소분별을 평가하는 경우 기준이 되는 물질(표준물질標準物質, 수은동위원소의 경우 NIST SRM 3133이 이용됨)과 대상이 되는 물질(물질 A)의 안정동위원소의 비가 얼마나 차이가 나는지를 다음 식과 같이 천분율(1/1000, ‰ : 퍼밀이라고 읽음)로 나타낸다(그림 2).

$$\delta^{XXX}Hg = \left\{ \left[\frac{\left(\frac{^{XXX}Hg}{^{198}Hg} \right)_{물질A}}{\left(\frac{^{XXX}Hg}{^{198}Hg} \right)_{표준물질}} \right] - 1 \right\} \times 1000$$

그림 2. 수은동위원소비의 표기방법(xxx에는 수은동위원소의 질량수가 들어감).

예를 들면 수은이 들어있는 물을 가열한 경우 가벼운 동위원소가 빨리 증발한다. 이와 같이 질량수에 의존한 동위원소분별이 일어난 경우 수은동위원소는 그림 3의 왼쪽과 같이 직선 위에 위치한다.

한편 상자 속에 메틸수은과 수은산화물 용액을 넣어서 자외선을 쪼이면, 용액의 동위원소비는 홀수의 질량수를 가진 수은동위원소비가 기울기에서 벗어나 있는 것을 알 수 있다(예를 들어 δ^{199}Hg의 경우는 그림 3의 오른쪽과 같이 됨). 이렇게 기울기에서 벗어난 차이의 크기는 δ^{199}Hg와 δ^{201}Hg를 구별하기 위해 Δ^{199}Hg과 Δ^{201}Hg로 표기한다(Δ는 캐피털 델타라고 함). 환경시료의 Δ^{199}Hg는 -5‰~+6‰의 범위에서 변화한다. 대부분의 시료는 ±1‰의 범위에 모여 있지만, 물고기의 Δ^{199}Hg는 0~6‰의 범위로 폭넓게 변화한다. 이러한 MIF(Mass Independent Fractionation : 질량비의존형동위원소분별)가 일어나는 원인으로는 메틸수은(CH_3Hg^+)과 수은산화물(Hg^{2+})이 금속수은(Hg^0)으로 환원되는 광화학반응(광환원반응)을 생각할 수 있다[※9].

해양에서 광환원반응이 일어나고 있으면, 생성물인 금속수은(Hg^0)이 대기로 방출될 것이다. 필자는 대기-해양 사이의 수은의 거동을 조사하기 위해 대기의 금속수은(Hg^0)을 포집하여 수은동위원소 분석을 시도하였다.

대기에 존재는 하지만, 결코 눈으로 볼 수 없는 금속수은(Hg^0)을 포집하기 위해서 금이 코팅된 입자를 사용한다. 이 책을 읽은 사람이라면, 이미 눈치 챘을 것이다. 바로 금 아말감법을 이용하여 포집하는 것이다. 금 입자를 채운 석영관을 에어펌프(air pump)에 연결하여 대기를 통과시키면,

금속수은(Hg^0)만 금 입자에 흡착된다. 이 석영관은 연구실에서 몇 가지 전처리공정을 거치고 나면, 수은의 동위원소 분석이 가능해진다. 수은동위원소 분석은 멀티컬렉터-유도결합플라스마질량분석기라는 장치를 이용한다.

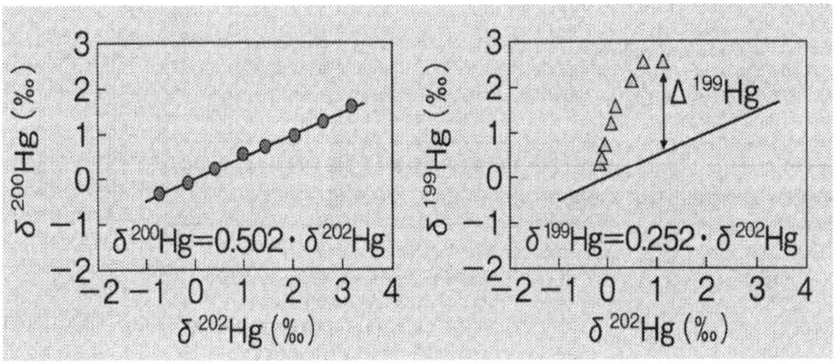

그림 3. 수은 동위원소분별 개략도.

(왼쪽)질량의존형 동위원소분별(MDF)이 발생한 경우에는 직성상에 plot되며, (오른쪽)질량비의존형 동위원소분별(MIF)이 발생한 경우 직선으로부터 떨어져서 plot된다.

환경에는 수은의 화학 형태를 바꾸어 국소에서 지역, 그리고 지구 전체의 범위에서 수은을 순환시키는 반응 경로가 복잡하게 얽혀 있다. 이러한 환경에서 수은의 거동을 이해하기 위해 필자는 매일 수치계산이나 실험을 하거나, 야외에서 시료를 채집하여 농도와 동위원소 정보를 수집하여 소위 퍼즐의 빈곳을 채워나가는 작업을 하고 있다. 화산지대와 같이 위험한 장소에서 조사를 할 때도 있지만, 눈에 보이지 않는 수은이 숫자로 바뀌어 나타날 때 지구를 떠도는 수은을 실감할 수 있기 때문에 말로 표현할 수 없는 성취감을 느낄 수 있다.

제4장

또다시 등장한 위험한 물질 「중금속」

일본의 4대 환경오염 기인 질병부터 월경오염까지

일본의 4대 환경오염 기인 질병의 원인 「중금속」

일본에서는 누구나 「4대 공해병[12](이하 환경오염 기인 질병으로 표기, 주석 참조)」이란 말을 한번쯤은 들어본 적이 있을 것이다. 일본은 메이지明治시대 초기부터 1960년대 중반에 걸친 급격한 경제성장 과정에서 환경과 주민의 건강에 심각한 피해를 초래한 환경오염을 다수 경험했다. 여기에는 지하자원 채굴로 인한 광산주변의 오염, 제련소와 공장으로부터의 배기가스 및 폐수배출 그리고 폐기물 투기에 따른 주변 환경의 오염과 같이 다양한 사례가 있다. 특히 1950～1960년대의 고도 성장기에 표면에 들어난 미나마타병水俣病, 니가타新潟 미나마타병(제2미나마타병), 이타이이타이병, 욧카이치시

12) 역자 주 : 공해란 단어는 일본과 과거 한국에서도 사용되었던 용어로 환경오염을 의미한다. 현재 한국에서는 거의 사용하지 않는 용어이기 때문에 이 책에서는 모두 환경오염으로 번역하고, 공해병은 환경오염기인 질병으로 번역하였다.

四日市 천식은 피해 규모가 컸기 때문에 일본에서는 4대 공해병(환경오염 기인 질병)이라 부른다(그림 4-1).

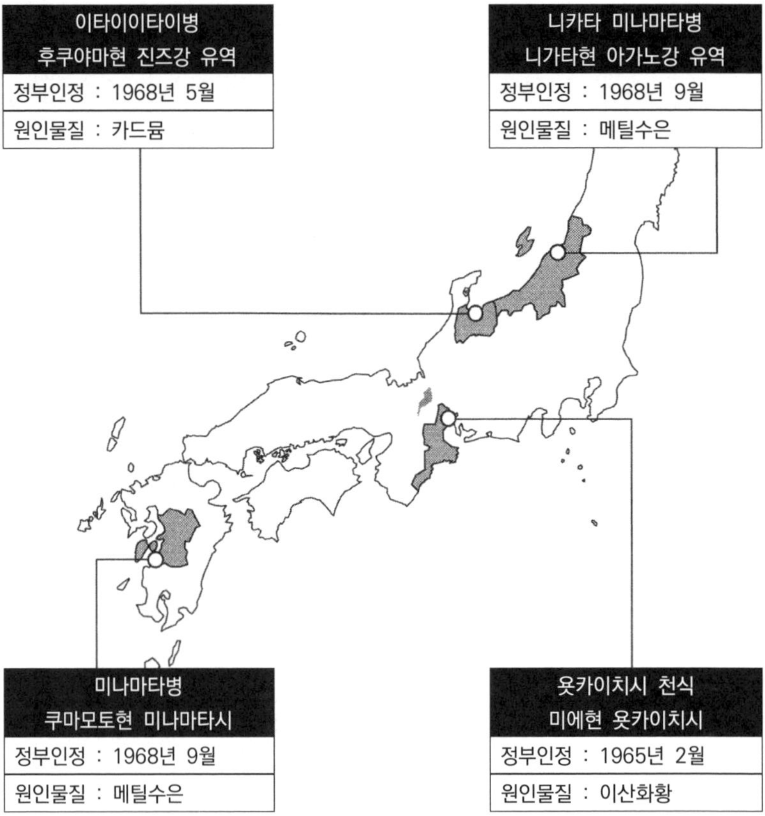

그림 4-1. 일본의 4대 환경오염 기인 질병.

실제 이 중에서 미나마타병, 니가타 미나마타병, 이타이이타이병과 같은 질병은 「중금속」이 원인이었다. 미나마타병과 니가타 미나마타병은 수은, 이타이이타이병은 카드뮴이 원인으로 다양한 질환을 일으킨 것이다. 미나마타병과 이타이이타이병 외에도 일본의 많은 도시지역과 공업지역에서 납, 비소, 6가 크롬과 같은 중금속에 의해 건강에 심각한 피해가 발생했다. 특히 납은 자동차 엔진의 이상연소異常燃燒를 방지하기 위해 휘발유에 안티노크제(antiknock dope)로 첨가된 4에틸납과 같은 알킬납(alkyl lead)이 환경오염을 일으켜 간선도로 주변 주민의 건강에 피해(납 중독)를 주었다.

그러면 지금까지 다양한 환경오염을 일으킨 중금속은 도대체 어떤 물질일까? 일반적으로 비중이 4～5 보다 큰 금속원소를 중금속이라고 한다. 대표적인 중금속으로는 제3장에서도 다루었던 수은(Hg)을 비롯하여 건강에 심각한 피해를 일으킨 카드뮴(Cd), 납(Pb), 비소(As) 그리고 철(Fe), 아연(Zn), 망간(Mn), 코발트(Co), 니켈(Ni)와 같은 것들이 있다. 중금속 보다 비중이 작은 것을「경금속」으로 구별하는 경우도 있지만, 경금속은 알칼리금속, 알칼리토류금속, 알루미늄과 같이 14종류 정도로 많지 않다. 즉 금속원소(자연계에 존재하는 원소에는 약 70종류)의 대부분이 중금속이다.

그렇다면 지금까지 여러 가지 환경오염에 기인한 질병을 일으킨 중금속은 모두 위험한 물질일까? 우선 원소의 특성에 대해 소개하겠다.

원소의 필수성과 독성

먼저 그림 4-2를 살펴보자. 여러분들도 잘 알고 있는 원소주기율표이다. 최신의 주기율표에는 원자번호 1번부터 118번까지의 원소가 나열되어 있다. 사실 원소주기율표에 있는 모든 원소가 자연계에 존재하는 것은 아니다. 43번 테크네튬(Technetium, Tc), 61번 프로

메튬(Promethium, Pm), 85번 아스타틴(Astatine, At), 87번 프란슘(Francium, Fr)을 제외한 92번 원소인 우라늄(Uranium, U)까지는 자연계에 비교적 풍부하게 존재하지만, 93번 이후의 원소는 기본적으로 원자로와 입자가속기粒子加速器에서 인공적으로 생성된 것이다.

	1	2	3	4	5	6	7	8	9	10	11	12	13	14	15	16	17	18
1	1 H																	2 He
2	3 Li	4 Be											5 B	6 C	7 N	8 O	9 F	10 Ne
3	11 Na	12 Mg											13 Al	14 Si	15 P	16 S	17 Cl	18 Ar
4	19 K	20 Ca	21 Sc	22 Ti	23 V	24 Cr	25 Mn	26 Fe	27 Co	28 Ni	29 Cu	30 Zn	31 Ga	32 Ge	33 As	34 Se	35 Br	36 Kr
5	37 Rb	38 Sr	39 Y	40 Zr	41 Nb	42 Mo	43 Tc	44 Ru	45 Rh	46 Pd	47 Ag	48 Cd	49 In	50 Sn	51 Sb	52 Te	53 I	54 Xe
6	55 Cs	56 Ba	57~71	72 Hf	73 Ta	74 W	75 Re	76 Os	77 Ir	78 Pt	79 Au	80 Hg	81 Tl	82 Pb	83 Bi	84 Po	85 At	86 Rn
7	87 Fr	88 Ra	89~103	104 Rf	105 Db	106 Sg	107 Bh	108 Hs	109 Mt	110 Ds	111 Rg	112 Cn	113 Nh	114 Fl	115 Mc	116 Lv	117 Ts	118 Og

(57~71)	57 La	58 Ce	59 Pr	60 Nd	61 Pm	62 Sm	63 Eu	64 Gd	65 Tb	66 Dy	67 Ho	68 Er	69 Tm	70 Yb	71 Lu
(89~103)	89 Ac	90 Th	91 Pa	92 U	93 Np	94 Pu	95 Am	96 Cm	97 Bk	98 Cf	99 Es	100 Fm	101 Md	102 No	103 Lr

그림 4-2. 원소주기율표.

그리고 113번 원소는 일본의 이화학연구소가 발견한 원소로 일본에 명명권이 주어져 「니호늄(Nihonium, Nh)」으로 명명되었다. 지금까지 유럽과 미국만 원소의 이름을 붙여왔지만, 니호늄은 아시아에서 처음으로 명명권이 주어졌던 원소이다.

일반적으로 생물을 구성하는 주요원소는 탄소(C), 수소(H), 산소(O), 질소(N), 황(S), 인(P), 나트륨(Na), 칼륨(K), 마그네슘(Mg), 칼슘(Ca), 염소(Cl) 등 11종류이다. 사람의 경우 이들 원소가 체중의 약 99.3%를 차지한다. 그러나 이들 11개 원소만으로는 생명활동을 유지할 수 없다. 실제로 나머지 0.7% 속에는 미량이지만 생명활동에 반드시 필요한「필수미량원소」가 존재한다.

생물 종에 따라 필요한 필수미량원소는 서로 다르다. 사람의 경우 크롬(Cr), 망간(Mn), 철(Fe), 구리(Cu), 아연(Zn), 셀레늄(Se), 몰리브덴(Mo), 요오드(I), 코발트(Co)와 같은 9개 원소가 필수미량원소로 알려져 있다. 이외에도 비소(As), 카드뮴(Cd), 납(Pb)과 같이 일반적으로 사람에게 유해하다고 알려져 있는 중금속원소도 미량으로는 필수 역할을 담당한다는 설도 있다. 실제로 원소의 필수성 연구는 어렵고, 생물에 따라 차이가 나기 때문에 필수미량원소의 목록은 아직 확정되지 않았다.

또한, 대부분의 원소는 필수 여부에 관계없이 과잉으로 섭취하면 인체에 유해하다(그림 4-3)※1. 따라서 미량원소의 필수성과 독성毒性(유해성)을 평가하는 경우 적정 섭취량이 어느 정도인지를 파악하는 것이 중요하다.

그림 4-4※2는 다양한 원소에 대한 급성독성의 세기를 나타낸 것이다. 그림에서 나타낸 것처럼 수은이나 납과 같이 비중이 무거운 금속(중금속)에 독성이 강한 것이 많이 있지만, 가벼운 금속에도 베릴륨(Be)처럼 독성이 강한 것도 있다. 즉 반드시 중금속만 독성이 높은 것은 아니다.

미량원소의 독성은 화학 형태의 차이에 따라서도 크게 다르다. 예를 들면 중금속의 하나인 수은은 독성이 강한 원소이지만, 무기수은보다도 메틸수은(CH_3Hg^+)과 같은 유기수은이 훨씬 독성이 높아진다(수은의 독성에 대해서는 제3장에서 상세하게 설명하였음).

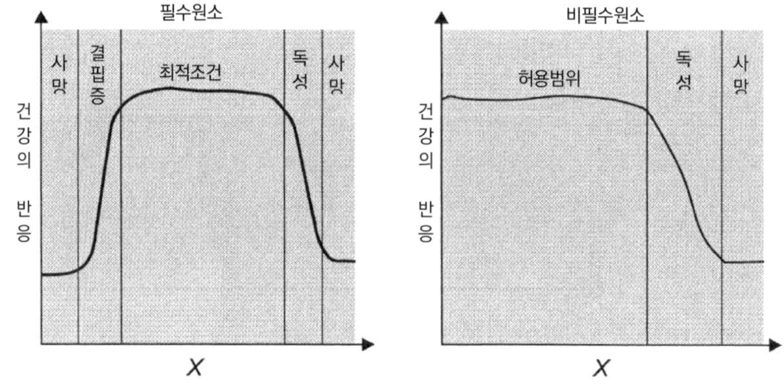

그림 4-3. 원소의 섭취량(X)과 생체 건강의 반응.

출처 : 渡辺譯, 2005 『地球環境化學 入門』을 바탕으로 작성, 원저는 Andrews et al., 2003. "An Introduction to Environmental Chemistry, Second Edition", Blackwell Publishing.

Ⅰa	Ⅱa	Ⅲb	Ⅳb	Ⅴb	Ⅵb	Ⅶb	Ⅷ			Ⅰb	Ⅱb	Ⅲa	Ⅳa	Ⅴa	Ⅵa	Ⅶa	0
H																	He
Li	Be											B	C	N	O	F	Ne
Na	Mg											Al	Si	P	S	Cl	Ar
K	Ca	Sc	Ti	V	Cr	Mn	Fe	Co	Ni	Cu	Zn	Ga	Ge	As	Se	Br	Kr
Rb	Sr	Y	Zr	Nb	Mo	Tc	Ru	Rh	Pd	Ag	Cd	In	Sn	Sb	Te	I	Xe
Cs	Ba	La	Hf	Ta	W	Re	Os	Ir	Pt	Au	Hg	Tl	Pb	Bi	Po	At	Rn
Fr	Ra	Ac	Th	Pa	U												

독성이 강한 원소 (반수 치사농도 10^{-3}M/㎏ 이하)

독성이 중간 정도 원소 (반수 치사농도 10^{-3}~10^{-2}M/㎏)

독성이 약한 원소 (반수 치사농도 10^{-2}M/㎏ 이상)

그림 4-4. 원소의 급성독성.

출처 : 森田·高野 著, 2005 「環境と健康」을 바탕으로 작성.

수은과는 대조적으로 비소는 일반적으로 해조류와 어패류에 들어있는 유기비소화합물은 독성이 낮은 반면에 무기비소화합물, 그중에서도 삼산화이비소(As_2O_3)는 맹독성으로 쥐약과 흰개미 구제제로 사용될 뿐만 아니라 옛날에는 독살하는데도 많이 사용되었다. 게다가 미량원소의 독성은 미량원소를 섭취한 생물의 연령과 성별의 차이에 따라 크게 다를 뿐만 아니라, 어떤 식품으로부터 섭취하는지에 따라서도 원소의 흡수율이 달라지기 때문에 실제로는 매우 복잡하다.

일본의 중금속 환경오염

일본은 고도 성장기에 중금속이 원인인 많은 환경오염에 기인한 질병을 경험하고 반성하면서 엄격한 환경기준을 설정하였다. 그 결과 1980년 이후에는 중금속에 의한 국소적인 오염이 급격하게 감소하여 사람의 건강에 심각한 피해가 발생하는 일은 거의 없어졌다.

그러면 중금속 오염으로 사람의 건강에 영향을 미치는 것이 밝혀진 고도 성장기에 환경오염에 기인한 질병이 발생하지 않았던 지역의 환경오염은 어느 정도 있었을까?

아쉽게도 과거로 되돌아가서 환경시료를 채취하여 중금속 농도를 조사하는 것은 불가능하다. 그러나 내만內灣과 호수의 주상퇴적물 시료를 측정하여 과거의 중금속 오염에 관한 귀중한 정보를 얻을 수 있다.

시즈오카靜岡현립대학 연구그룹은 토쿄만에서 주상퇴적물 시료를 채취하여 중금속 농도를 조사하였다. 천연방사성 동위원소인 ^{210}Pb을 이용하여 퇴적속도(sedimentation rate)를 계산한 결과, 채취된 토쿄만의 주상퇴적물 시료는 50cm 퇴적하는데 약 100년이 걸린 것을 알 수 있었다.

그림 4-5[※3]에 토쿄만 주상퇴적물 시료의 중금속 농도 측정결과를 나타내었다. 그래프를 보면, 환경오염의 지표로서 조사한 중금속은 고도 성장기인 1950~1960년대에 농도가 급격히 증가하고 있

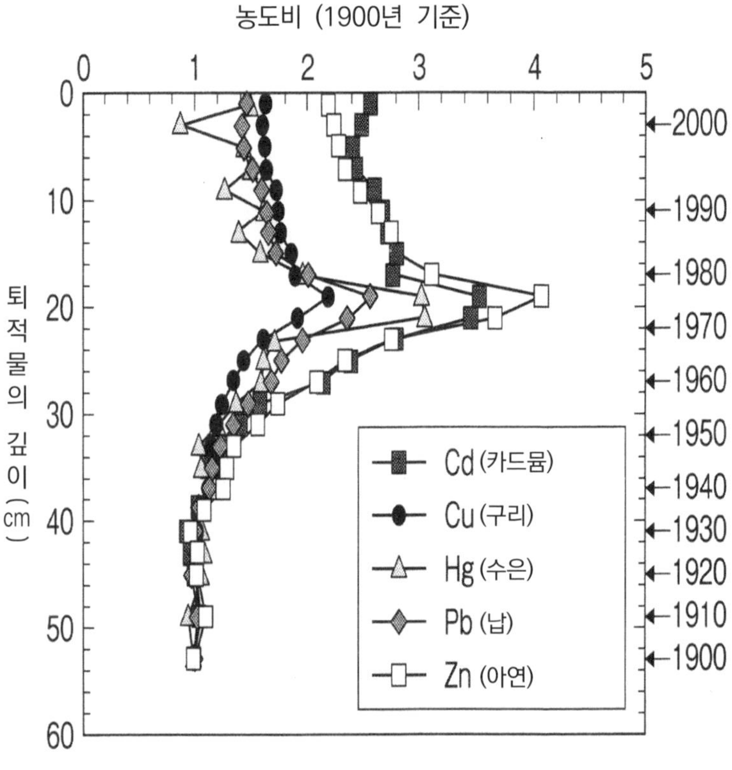

그림 4-5. 토쿄만東京灣 주상퇴적물 시료의 중금속 농도 수직분포.
출처 : Sakata et al., 2008.

는 것을 알 수 있다. 그리고 그 후에 다양한 환경대책의 효과로 인해 1970년대 이후에 급격하게 농도가 감소하고 있는 것도 알 수 있다. 토쿄만 주상퇴적물 시료의 측정으로 과거에 중금속이 환경에 미친 영향, 그리고 최근의 환경대책 효과가 밝혀졌다.

새로운 문제 「월경오염越境汚染」의 가능성

일본에서는 중금속이 사람과 환경에 끼친 영향이 지속적으로 해결되어 왔다. 그러나 과거의 일본과 같은 상황이 다른 나라에서는 일어나지 않았을까?

최근 아시아 각국은 활발한 경제활동으로 괄목할만한 발전을 이루고 있다. 아시아 각국의 2016년 명목 GDP(국내의 일정기간 동안 생산된 물건과 서비스의 부가가치 합계액) 순위는 1위 중국, 2위 일본, 3위 인도, 4위 한국, 5위 인도네시아였다.

그림 4-6[※4]과 같이 과거 1위였던 일본이 2010년부터 중국에게 추월당하여 눈 깜짝할 사이에 약 2배의 차이가 되었다. 그래프에는 최근의 일본과 인접하는 아시아 여러 국가들의 급속한 경제성장이 일목요연하게 나타난다.

현재 급속한 경제성장의 도중에 있는 아시아 국가들에서 환경문제의 대책이 미비하여 과거의 일본처럼 대규모 환경오염문제가 발생하여 큰 사회문제가 되고 있다. 최근 이러한 아시아 인접 국가들로부터의 중금속 월경오염이 우려되고 있다.

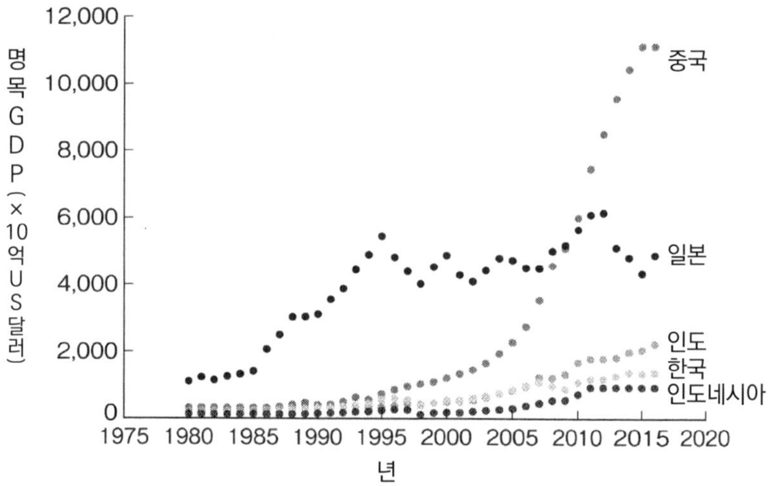

그림 4-6. 아시아 5개국 명목 GDP의 연간변화(1980~2016년).
출처 : IMF - World Economic Outlook Databases

아시아의 명목 GDP(Gross Domestic Product)가 1위인 중국은 지금도 1차 에너지의 약 70%를 석탄에 의존하고 있다. 실제로 석탄에는 비소(As)가 수 ppm(1ppm은 백만분의 1을 의미하며, 석탄 1㎏에 비소가 1mg 들어있는 농도)~수십 ppm 들어있고, 석탄을 연소하면 대기로 비소가 배출된다.

비소는 휘발성이 크기 때문에 연소과정에서 가스로 바뀌어 대부분 가스 상태로 배출되는데, 중국은 환경대책이 미비하여 대량의 비소가 대기로 방출되고 있다.

일본에서는 계절에 따라 부는 바람의 방향이 달라서 겨울철은 북서방향에서, 여름철은 남동방향에서 바람이 분다. 이것을 계절풍이라고 한다. 또한 일본의 상공에는 편서풍이라는 서풍이 항상 불고 있다. 대기오염이 심각한 중국의 동쪽에 위치한 일본은 특히 겨울철에 강한 북서 계절풍 때문에 중국 대기오염의 영향을 받을 것으로 생각된다.

「월경오염」의 포착

시즈오카静岡 현립대학의 연구 그룹은 인접국으로부터 오염물질이 국경을 넘어오는 현상, 즉 월경오염의 영향을 모니터링하기 위해 일본 전국 10개 지점에서 2004년 4월부터 2006년 3월까지 2년에 걸쳐 대기의 중금속 농도를 조사하였다.

그림 4-7※5은 10개의 관측지점 중 중국과 가장 가까운 곳에 위치한 나가사키현長崎縣 마츠우라시松浦市에서 대기의 비소 농도를 측정한 결과이다. 조사 기간(2004년 4월부터 2006년 3월) 동안 여름철에 농도가 낮아지고, 겨울철에 농도가 높아지는 것을 알 수 있다.

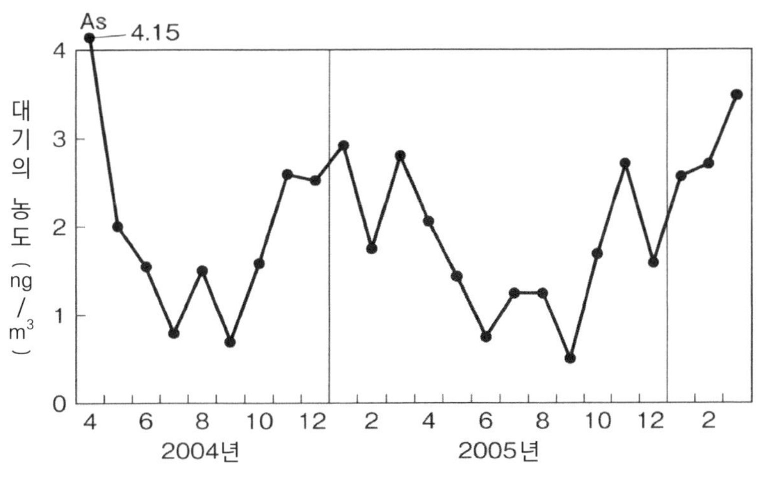

그림 4-7. 나가사키현長崎縣 마츠우라시松浦市의 대기 중 비소 농도의 계절변화.
출처 : Sakata et al., 2011.

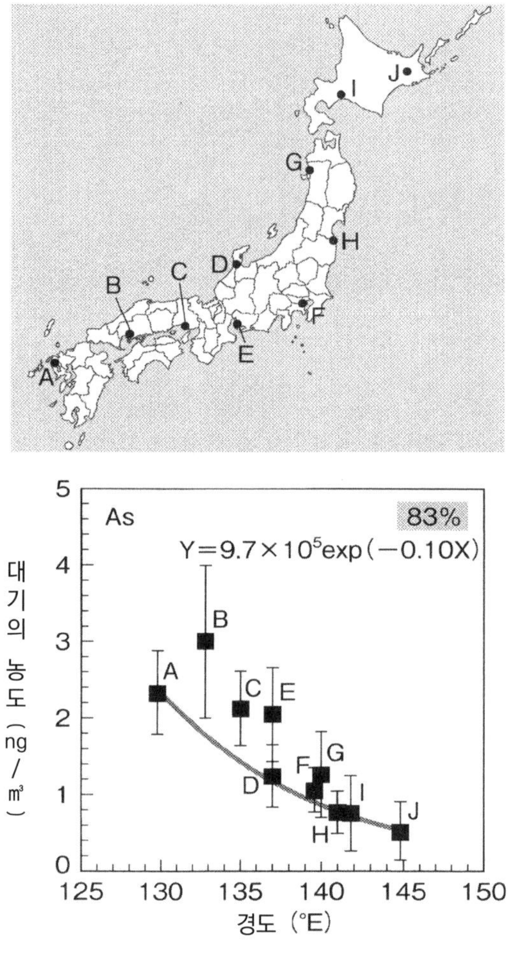

그림 4-8. 일본 전국 10개 지점에서 겨울철 경도에 따른 대기의 비소 농도.

그림 속의 %는 총 농도에서 중국으로부터의 기여(10개 지점의 평균)을 나타낸다. 기여도의 산출법은 다음과 같다. 일본에서 대기오염물질의 주요한 배출원으로부터의 영향을 적게 받을 것으로 판단되는 3개 지점(A : 나가사키현長崎縣 마츠우라시松浦市, D : 이시카와현石川縣 나카노토마을中能登町, J : 홋카이도北海島 베츠카이마을別海町)의 경도와 농도 사이의 관계식(그림의 곡선)을 구하고, 이 곡선보다 아래 부분은 주로 중국으로부터 운반된 비소의 기여부분으로 판정하였다. 그리고 각 지점에서 관측된 비소의 총농도와 이 곡선의 농도와 차이는 주로 일본의 배출원에서 배출된 비소가 기여하고 있는 부분이라고 가정하여 기여도를 산출하였다. 출처 : Sakata et al., 2014.

그리고 그림 4-8※6은 10개 관측지점의 겨울철(12～2월) 평균농도를 경도(longitude) 순서로 배열하여 나타낸 것이다. 대기의 비소 농도는 일본 열도 서쪽에서 높고, 동쪽으로 갈수록 낮아졌다.

상세한 설명은 그림의 해설에서 기술되어 있지만, 일본에서 대기오염물질의 주요한 배출원으로부터 영향을 적게 받을 것으로 판단되는 3개 지점(A : 나가사키현 마츠우라시, D : 이시카와현 나카노토마을, J : 홋카이도 베츠카이마을)의 자료를 이용하여 대기의 총비소 농도에서 중국의 기여도를 계산한 결과, 일본 전국 10개 지점 평균은 83%였다. 따라서 일본의 겨울철 대기의 비소 농도는 중국의 영향을 넓은 범위에서 강하게 받고 있는 것으로 밝혀졌다.

중국은 황해와 발해만渤海灣의 연안에서 내륙으로 펼쳐지는 지역(그림 4-9에 북위 30～40도의 범위에 있는 회색 지역)에 상하이上海, 난징南京, 톈진天津과 같은 대도시가 집중하고 있어 활발한 공업 활동으로 대량의 석탄이 소비되고 있다. 이 지역의 대기는 매우 오염되어 있기 때문에 이곳을 통과한 기단(비교적 일정한 성질을 갖는 거대한 공기덩어리)이 일본에 도달하면 일본의 대기 오염물질 농도도 높아질 것이다.

그 때문에 역궤적분석(backward trajectory analysis)이라는 방법을 이용하여 시간을 거슬러 올라가면서 기단이 거쳐 온 경로를 조사하였다. 그 결과, 비소 농도가 높은 A지점(나가사키현 마츠우라시)에서 겨울철에 도달한 기단의 대부분은 정확히 중국의 북위 30～40도를 지나온 것을 알 수 있었다(그림 4-9)※7. 연구팀의 관측으로 지금 일본에서 일어나고 있는 중국기원의 중금속에 의한 월경오염의 영향을 포착할 수 있었던 것이다.

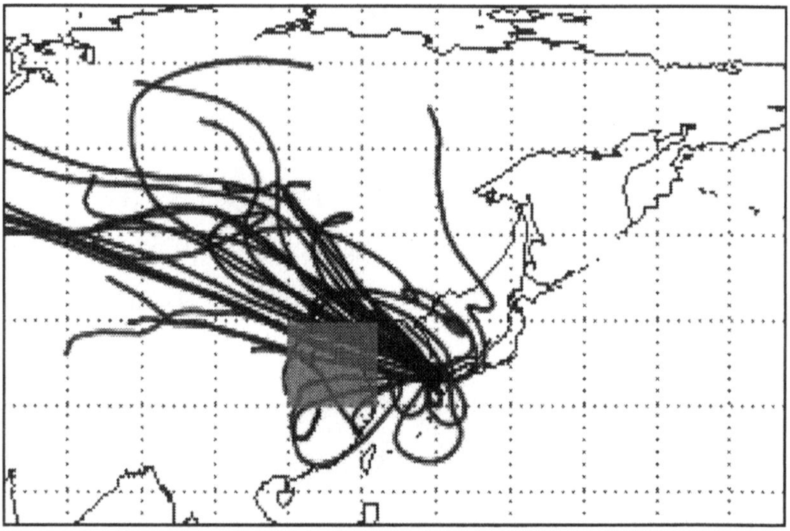

그림 4-9. 나가사키현 마츠우라시로 유입된 기단의 이동경로(역궤적(backward trajectory) 분석결과). 회색 지역(북위 30~40도)은 중국의 대도시가 집중되어 있고, 공업활동이 활발해서 석탄도 대량으로 소비되고 있음.

출처 : Sakata et al., 2013.

하늘에서 떨어지는 중금속

월경오염으로 운반된 중금속의 대부분은 비나 눈에 의해 대기에서 제거되어 지상으로 떨어진다. 이것을 「습식침적(wet deposition)」이라고 한다. 이와 달리 중금속이 에어로졸(aerosol)과 가스 상태로 지상에 떨어지는 것을 「건식침적(dry deposition)」이라고 한다. 이러한 과정을 통해 중금속은 발생원으로부터 멀리 떨러진 지역의 물과 토양을 오염시키고, 일부는 바로 농작물과 어패류에 농축된다(그림 4-10).

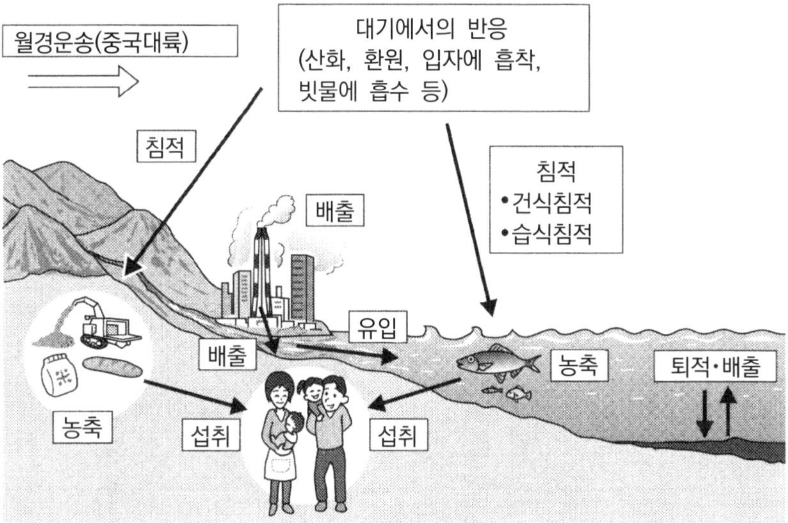

그림 4-10. 환경에서 유해 미량원소의 거동.

월경오염으로 유입된 중금속이 사람의 건강과 생태계에 미치는 위해성을 정확하게 평가하기 위해서는 대기로부터 내려오는 양은 물론이고, 환경의 다양한 과정에서 중금속의 거동을 정량적으로 파악할 필요가 있다.

그래서 시즈오카 현립대학 연구팀은 지금까지 일본에서 그다지 알려지지 않았던 중금속(수은, 비소, 카드뮴, 납 등 12원소)의 습식 및 건식 침적량의 실태를 파악하기 위해 독자적으로 개발한 시료포집기를 사용하여 조사하였다.

시료를 분석한 결과, 동해쪽에 위치한 나가사키현 마츠우라시, 이시카와현 나카노토마을, 아키타현秋田縣 노시로시能代市는 중국 기원의 강한 월경오염 영향으로 비소, 카드뮴, 납, 셀레늄의 연간 습식침적량(연간 1㎡의 단위면적에 떨어진 양)은 모두 다른 지점에 비해 높았다(그림 4-11)[※8].

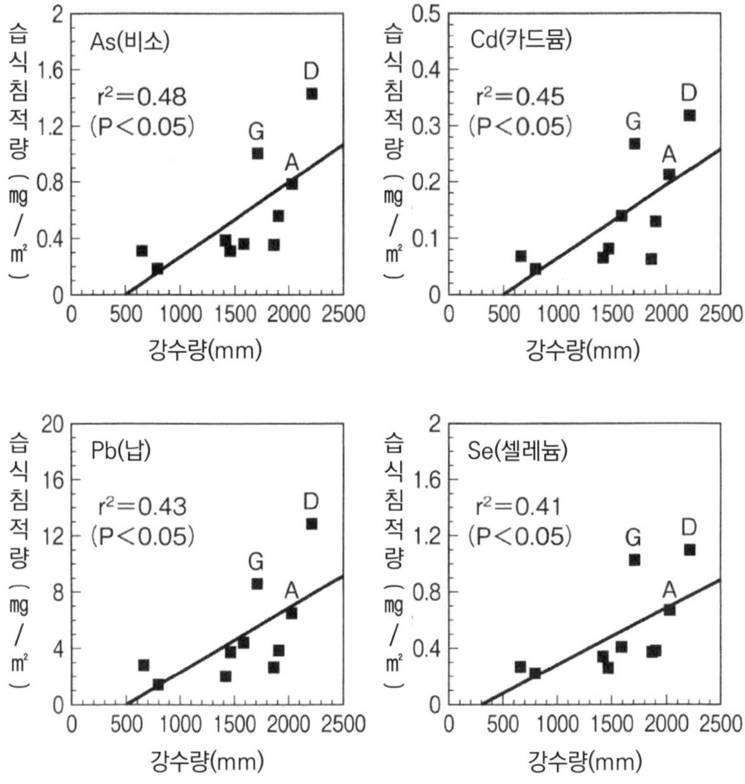

그림 4-11. 일본 전국 10개 지점의 비소, 카드뮴, 납, 셀레늄의 연간 습식침적량과 연간 강수량의 관계.

그림 속에서 A는 나가사키현 마츠우라시, D는 이시카와현 나카노토마을, G는 아키타현 노시로시의 자료를 나타낸다. 모두 동해쪽에 위치한 관측지점.

출처 : Sakata et al., 2006.

또한 이들 원소의 월별 습식침적량과 빗물의 평균농도는 모두 겨울에서 봄까지 현저하게 증가하고 있었다. 이 계절의 비와 눈의 납 농도는 공공용수역의 수질환경기준(0.01mg/ℓ~10μg/ℓ)을 초과하였으며, 동해쪽에는 납으로 매우 오염된 비나 눈이 내리고 있는 것으로 밝혀졌다[※9].

한편, 수은의 연간 습식침적량은 비소, 카드뮴, 납, 셀레늄처럼 동해쪽 지점에서 높지 않았으며, 지점들 사이의 차이는 강수량의 차이 때문이었다[※8,10]. 습식침적량은 빗물의 수은 농도에 강수량을 곱하여 계산하기 때문에 이 결과는 모든 조사지점에서 빗물의 수은 농도가 거의 같다는 것을 의미한다.

게다가 빗물의 수은 농도는 일본과 북아메리카에서 거의 일치하였다. 대기에서 가스 상태 금속수은의 평균체류시간(average residence time)이 약 1년으로 길기 때문에 지구 전체에서 농도가 균일화 되어 각 지역의 수은 배출량이 수은의 습식침적량에 미치는 영향은 크지 않을 것으로 생각된다(상세한 것은 제3장을 참조).

또한, 각 지점에서 중금속의 건식침적량을 측정한 결과, 원소의 종류에 따라 습식침적량과 건식침적량이 기여하는 정도가 다른 것으로 밝혀졌다[※8]. 수은(Hg), 카드뮴(Cd), 납(Pb), 셀레늄(Se)은 습식침적의 기여가 크고, 크롬(Cr), 구리(Cu), 망간(Mn), 몰리브덴(Mo), 니텔(Ni), 바나디움(V)은 건식침적의 기여가 컸다.

이 차이는 대기에서 입자의 크기에 따라 흡착되는 중금속의 종류가 다르기 때문이다. 즉, 습식침적의 기여도가 높은 원소는 연소과정에서 휘발되기 쉽기 때문에, 가스 상태 또는 미세입자에 많이 흡착되어 오랫동안 대기에서 체류하다가 빗물에 흡수되어 지상으로 떨어진다.

한편, 건식침적의 기여도가 높은 원소는 연소과정에서 휘발되기 어려워 크기가 큰 입자에 많이 흡착되어 빗물에 흡수되기 전에 발생원 근처에 건식침적되기 쉬워진다.

따라서 습식침적되기 쉬운 원소는 수은을 제외하고, 중국에서 기원하는 월경오염의 영향이 큰 것을 알 수 있다.

이상을 정리하면, 겨울철에는 계절풍이 동해를 지나는 사이에 따뜻한 대마난류對馬暖流로부터 대량의 수증기가 공급되어 동해에 인접한 일본의 각 지역에서 많은 눈이 내린다. 이때에 겨울철에 대륙의 석탄 연소로 발생한 중금속이 계절풍을 타고 운반된 후 습식침적되어 동해에 인접한 일본 각지의 토양과 하천수, 퇴적물을 오염시키는 양상이 연구팀의 연구를 통해 알 수 있었다.

주상퇴적물 시료에 기록된 월경오염 가능성

시즈오카靜岡 현립대학 연구팀이 수행한 지금까지의 연구로 일본 서쪽 지역에 미치는 월경오염 영향을 확인할 수 있었다. 그리고 토쿄만 주상퇴적물 시료에서 과거부터 현재까지 중금속에 의한 일본의 환경오염 역사를 소개하였다. 그러면 일본 서쪽의 동해에 인접한 수역에서 채취한 주상퇴적물 시료에도 월경오염의 영향이 나타나는지 궁금해졌다. 따라서 연구팀은 토쿄만 주상퇴적물 분석에 이용된 방법과 같은 방법으로 신지호宍道湖(시마네현島根県)에서 채취한 주상퇴적물 시료의 중금속 농도를 조사하였다. 그 결과를 그림 4-12[※11]에 나타내었다.

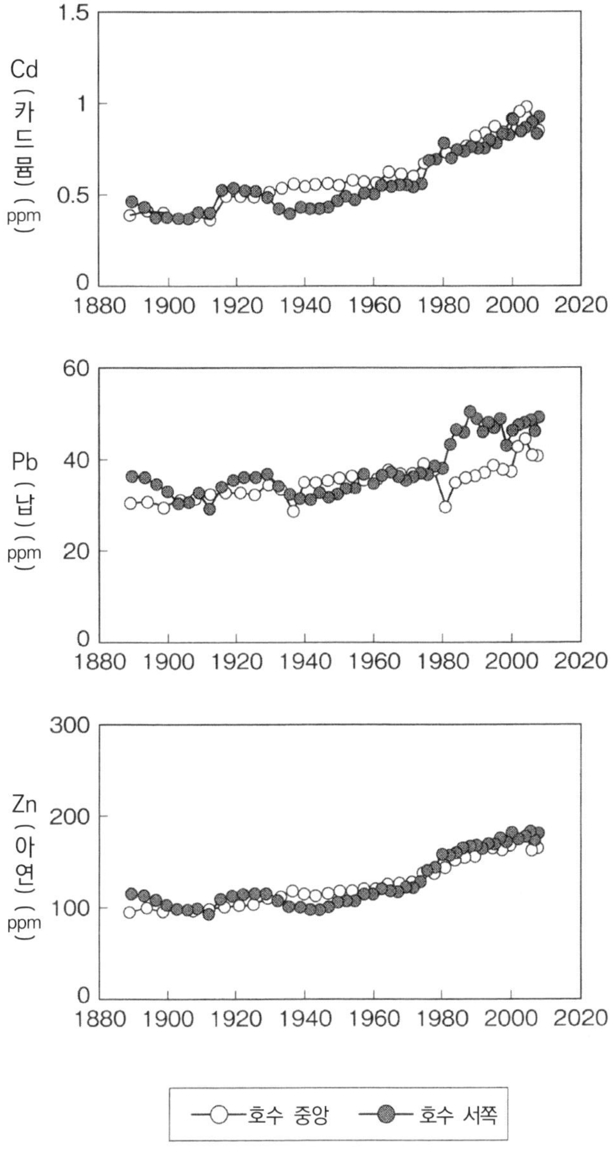

그림 4-12. 신지호宍道湖 주상퇴적물(2개 지점)의 카드뮴, 납, 아연 농도의 수직분포.

출처 : Kusunoki et al., 2012.

그래프에서 알 수 있듯이 카드뮴(Cd), 납(Pb), 아연(Zn)은 퇴적된 시기가 1980년 이후인 주상퇴적물의 상층부에서 서서히 농도가 높아지고 있다. 앞에서 설명한 것처럼 토쿄만 주상퇴적물 시료를 측정한 결과에서는 중금속 농도가 고도 성장기에 급상승하였고, 그 후 서서히 감소하고 있었다. 그러나 신지호의 결과는 토쿄만과 크게 다르다. 이러한 신지호의 결과는 월경오염의 영향을 나타내는 것처럼 보인다.

따라서 더욱 상세하게 살펴보기 위해 납의 안정동위원소 비를 이용하여 오염원을 추정하였다. 전문적인 내용이기 때문에 간단하게 설명하겠다. 자연에는 질량수가 다른 4종류의 납 안정동위원소(^{204}Pb, ^{206}Pb, ^{207}Pb, ^{208}Pb)가 있다. 이 동위원소 중 3개는 우라늄(U)과 토륨(Th)처럼 수명(반감기)이 긴 방사성동위원소가 순차적으로 붕괴하여 생성된 것이기 때문에 납 동위원소의 비는 납을 채굴한 광상 마다 서로 다른 고유한 값을 가진다. 공업지대와 자동차 배기가스로 환경에 방출된 납도 그 기원이 되는 납 광물의 동위원소 비를 반영하여 특유한 값을 가지기 때문에, 납 동위원소 비를 정밀하게 측정하면 납의 발생원을 추정할 수 있다.

신지호 주상퇴적물의 납 동위원소 비를 측정한 결과, 1980년 이후에 새롭게 퇴적물에 유입된 납의 동위원소 비는 일본에는 없는 중국이나 한국과 같은 아시아 대륙 기원의 에어로졸에 들어있는 납 동위원소의 값과 유사한 것을 알 수 있었다[※11].

카드뮴과 아연의 오염원은 폐수유입과 같은 지역적인 영향도 있기 때문에 현시점에서는 확정적으로 말할 수는 없지만, 이번에 채취한 주상퇴적물 시료의 중금속 농도와 납 동위원소 비의 측정 결과로부터 중국 기원의 월경오염이 신지호宍道湖 퇴적물에 어떻게든 영향을 미친다는 것은 틀림이 없을 것으로 생각된다.

중금속에 의한 환경문제의 미래

이 장에서는 환경오염에 기인한 질병으로 시작된 일본의 환경오염 역사를 되돌아 보면서 최근 월경오염이라는 새로운 문제를 일으키는 오래됐으나 또 다시 새롭게 등장한 위험한 물질인 중금속을 중심으로 이야기 하였다.

일본 국내의 대책으로는 제어할 수 없는 월경오염을 해결하기 위해 일본의 주변국뿐만 아니라 국제적인 노력이 중요하다고 생각된다. 게다가 일본은 중금속에 의한 환경오염 수준(level)이 내려가고 있다고 설명했지만, 한편으로 지금까지 문제가 없다고 생각된 낮은 농도 수준의 수은과 납에 의한 태아와 아이들의 건강에 대한 위해성이 문제가 되기 시작하였다.

게다가 사람의 건강보호뿐만 아니라 생태계에 미치는 영향도 배려할 것을 요구하는 시대가 되었다. 이와 같이 이미 해결된 것처럼 여겨져 왔던 중금속에 의한 환경문제가 다시 클로즈업(close-up) 되고 있다. 그야말로「오래됐으나 새롭게 등장한」이라고 할 수 있는 이러한 문제를 지금부터라도 주목해야 할 것으로 생각된다.

(사카타 마사히로坂田昌弘 시즈오카현립대학静岡縣立大學 식품영양과학부 교수)

제5장

미지의 오염물질 $PM_{2.5}$

원인과 기원

누구나 알지만 아무도 모른다

「$PM_{2.5}$」는 일반인들에게는 거의 알려지지 않았던 전문용어이지만, 2013년 무렵 중국에서 대기의 $PM_{2.5}$ 농도가 매우 높아졌고, 갑자기 병원을 찾는 환자가 늘어나는 상황이 매스컴에서 연일 보도되어 이제는 일반 시민 대부분이 아는 용어가 되었다. 그러나 한편으로 「$PM_{2.5}$라는 새로운 맹독물질이 발생하기 시작했다」라거나, 「일본에서는 발생하지 않는 $PM_{2.5}$가 다른 나라에서 운반되어 온다」라는 오해도 생기고 있는 것 같다.

이 장에서는 $PM_{2.5}$의 정의, 건강에 미치는 영향, 구성 성분, 기원, 그리고 정부와 자치단체 또는 개인이 할 수 있는 대책을 설명하겠다. 또한 $PM_{2.5}$의 기원과 대기에서의 거동에 관한 연구 사례를 상세하게 알고 싶은 사람은 이 책 끝부분의 참고문헌에 있는 총설[※1]을 참조하기 바란다.

$PM_{2.5}$란 공기 중을 떠돌아다니는 눈에 보이지 않을 정도로 직경이 2.5㎛(1㎛는 1000분의 1mm) 이하의 작은 입자(Particulate Matter)를 말하며, 「초미세먼지」라고도 한다. 보다 정확하게는 「$PM_{2.5}$란 대기를 떠돌아다니는 입자물질로 입경 2.5㎛의 입자를 50% 이상 분리할 수 있는 입자분리 장치를 이용하여 2.5㎛ 보다 입경이 큰 입자를 제거한 후에 채집된 입자」라고 정의하고 있다.

이와 같이 $PM_{2.5}$는 입자의 크기만으로 정의되고 있기 때문에 어떠한 특정 화학물질을 지칭하는 것이 아니다. 즉, $PM_{2.5}$는 다양한 발생원으로부터 배출되며, 각종 화학성분으로 구성된 혼합물로 모양이나 크기도 다양하다.

$PM_{2.5}$는 맹독물질?

2013년 무렵의 TV 보도를 보면, PM을 연구대상으로 삼아온 저자도 마치 「$PM_{2.5}$라는 미지의 맹독물질」이 하늘에서 떨어지고 있는 것 같은 인상을 받았다. 따라서 「$PM_{2.5}$」라는 말을 처음 들은 사람이 그러한 느낌을 받은 것도 무리는 아닐 것이다. 그러나 실제로는 어떨까? 확실히 호흡을 통해 $PM_{2.5}$가 흡입되면 사람의 건강에 다양한 악영향을 미친다고 알려져 있다(그림 5-1).

$PM_{2.5}$가 건강에 미치는 영향에는 암의 발생과 같은 수개월 이상의 장기간 노출 영향과 수시간에서 수일 정도의 단기간의 노출 영향이 있다. 그리고 사망과 같이 $PM_{2.5}$의 농도 증가와 건강에 미치는 영향 사이의 인과관계가 명확한 것도 있지만, 발암성 등 인과관계가 시사되는데 머물러 있는 영향도 있다. 또한 세계보건기구

(WHO, World Health Organization)의 산하기관인 국제암연구기관(IARC, International Agency for Research on Cancer)은 대기부유입자를 발암물질(Group 1)로 규정하고 있다.

노출기간	건강 영향	인과관계
장기 노출 (수개월 이상)	사망	명확
	심혈관계(순환기)	명확
	호흡기계	거의 명확
	생식·발달	시사
	발암, 변이원성, 유전독성	시사
단기 노출 (수시간~수일 정도)	사망	명확
	심혈관계(순환기)	명확
	호흡기계	거의 명확
	중추신경계	불충분

그림 5-1. 대기의 $PM_{2.5}$가 사람의 건강에 미치는 영향의 사례.

출처 : U.S. Environmental Protection Agency (2012) Provisional Assessment of Recent Studies on Health Effects of Particulate Matter Exposure, EPA/600/R-12/056F를 바탕으로 작성

하지만 $PM_{2.5}$를 흡입하더라도 반드시 건강에 악영향을 미치는 것은 아니다. 단일 화학물질과 마찬가지로 $PM_{2.5}$가 건강에 영향을 미칠 확률(risk)은 노출 정도에 독성의 크기를 곱하여 대략 결정된다[※2]. $PM_{2.5}$의 단기노출이 건강에 미치는 영향에 대해서는 전 세계에서 100건 이상의 연구에서 대부분 $PM_{2.5}$ 농도와 사망과의 사이에 양(+)의 상관관계를 나타내었으며, $PM_{2.5}$ 농도가 10㎍/㎥ 상승하면 총 사망과 호흡기계통 및 순환기계통의 사망 위해성(risk)이 최대 수% 정도 증가하는 것으로 추정하였다. 즉 $PM_{2.5}$ 농도가 높

아진 만큼 위해성(risk)이 높아지는 것이다.

그렇기 때문에 「사람의 건강을 적절히 보호하기 위해 유지되어야 하는 바람직한 수준」으로서 환경기준이 정해져 있다. 일본의 $PM_{2.5}$ 환경기준은 연평균 15㎍/㎥ 이하이면서 일평균 35㎍/㎥ 이하 이지만[※3], 이 기준값을 초과한 농도에 노출되더라도 바로 건강에 악영향이 나타나는 것은 아니다. 따라서 매일의 $PM_{2.5}$ 농도 변화를 지나치게 걱정할 필요는 없을 것이다.

일본 환경성은 기존의 환경기준에 추가로 「주의환기를 위한 잠정적 지침」을 2013년에 제시하였다[※3]. 그리고, 일평균값이 70㎍/㎥를 넘을 것으로 예상되는 날에는 불필요한 외출과 실외에서의 장시간 격렬한 운동은 가능한 한 줄이고, 호흡기계통과 순환기계통에 질환이 있는 사람과 어린이 및 고령자와 같이 $PM_{2.5}$에 민감도가 높은 사람들은 더욱 신중하게 행동할 것을 권고하고 있다.

또한, 현재는 환경성뿐만 아니라 다양한 기관에서 $PM_{2.5}$의 기본적인 정보, 실시간(real time) 측정값, 예상 농도와 같은 정보를 인터넷에 공개[※3~6]하고 있다.

$PM_{2.5}$의 구성 성분

여기서는 $PM_{2.5}$의 크기와 형태, 구성 성분 등에 대해서 설명하겠다. 대기에는 다양한 크기, 형태, 성분을 가진 입자물질이 떠돌아다니고 있으며, 전형적인 입자 크기별 농도분포는 그림 5-2와 같이 2개의 그룹이 산을 이루는 입경 분포를 나타낸다.

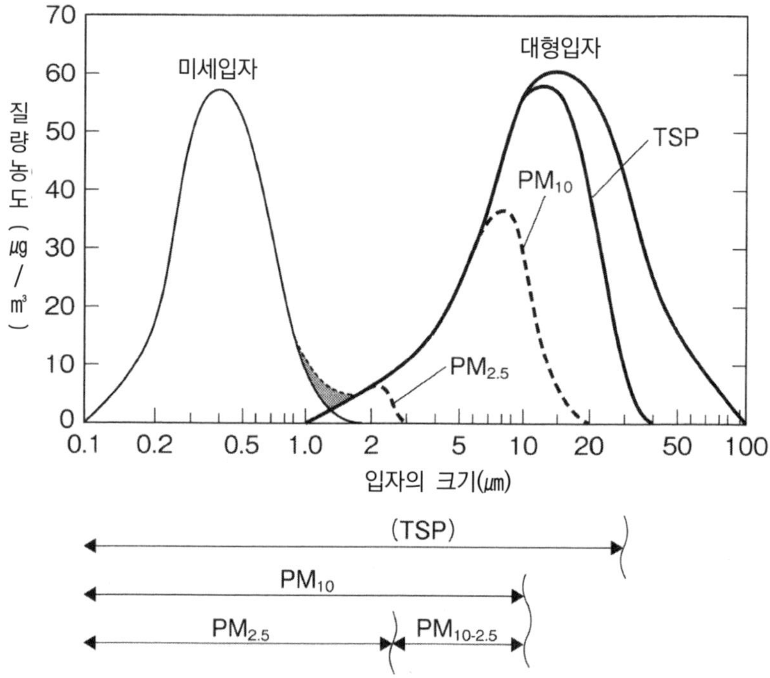

그림 5-2. 대기 입자물질의 전형적인 크기분포.

출처 : Wilson, W.E., Suh, H.H. : Fine Particles and Coarse Particles : Concentration Relationships Relevant to Epidemiologic Studies, Journal of the Air & Waste Management Association, 47, 1238~1249(1997)를 인용, 번역

입자 하나하나를 살펴보면, 입경(직경)이 0.1㎛ 정도로 작은 것도 있고, 10㎛ 정도로 큰 것도 있지만, 이러한 입자들의 전체 분포는 그림 5-2와 같다. 앞에서 설명한 것처럼 $PM_{2.5}$는 직경이 2.5㎛ 이하의 입자를 총칭하므로 입경이 2.5㎛인 것도 있고, 0.1㎛인 것, 이보다 훨씬 작은 입자도 $PM_{2.5}$에 포함된다.

$PM_{2.5}$의 기원과 거동, 건강에 미치는 영향을 파악하기 위해 $PM_{2.5}$의 무게와 화학물질을 측정하였다. 일반적으로 $PM_{2.5}$의 성분을 측

정하기 위해서는 우선 $PM_{2.5}$를 포집해야 한다. 대기의 $PM_{2.5}$를 포집할 때에는 그림 5-3과 같은 포집장치를 이용한다. 포집장치는 실외 대기를 펌프를 사용하여 장치 내부로 흡인하여 우선 사이클론(cyclone)과 임팩터(impactor)라고 하는 입자 분리장치를 사용하여 입경이 2.5㎛ 보다 큰 입자를 제거한다.

사이클론이란 기류를 회전시켜 발생하는 원심력으로 큰 입자물질을 바깥쪽으로 밀어 내어 제거하는 장치로 가정용 청소기에도 이용되기 때문에 원리를 쉽게 이해할 수 있을 것이다. 그리고 큰 입자를 제거한 후에 시료채취용 필터(여과지)에 시료공기를 흡입하면 $PM_{2.5}$가 필터에 여과되어 포집된다. 일본 환경성의 환경대기 상시감시 매뉴얼에서는 $PM_{2.5}$의 시료채취에 사용되는 필터는 포집효율이 가장 낮은 입경 0.3㎛ 입자가 99.7% 이상의 포집효율로 포집되는 필터를 사용하도록 정하고 있으므로 입경이 2.5㎛ 보다 작은 입자는 거의 대부분 이 필터에 포집된다.

그림 5-3의 아래쪽에 $PM_{2.5}$가 포집된 필터의 사진을 나타내었다. 이 사진은 일본 이바라키현茨城縣 츠쿠바시의 대기를 24시간 채취(유량 580L/min)한 것이다. 이와 같이 $PM_{2.5}$는 단지 큰 입자를 제거한 것뿐이기 때문에 다양한 크기와 형태의 입자들로 조성되어 있다.

대기 $PM_{2.5}$의 구성 성분을 측정한 사례를 그림 5-4에, 그리고 디젤 배기입자의 전형적인 형태와 구성성분을 그림 5-5에 나타내었다. 대기의 $PM_{2.5}$는 형태와 크기, 구성 성분이 디젤 배기입자 보다 더욱 다양하지만, 전형적으로는 흔히 그을음이라 부르는 원소상태의 탄소(black carbon, 블랙카본이라고도 함)와 흙, 모래와 같은 고체입자 주위를 유기물과 무기염(황산암모늄과 질산암모늄, 염화나트륨 등)이 덮고 있다.

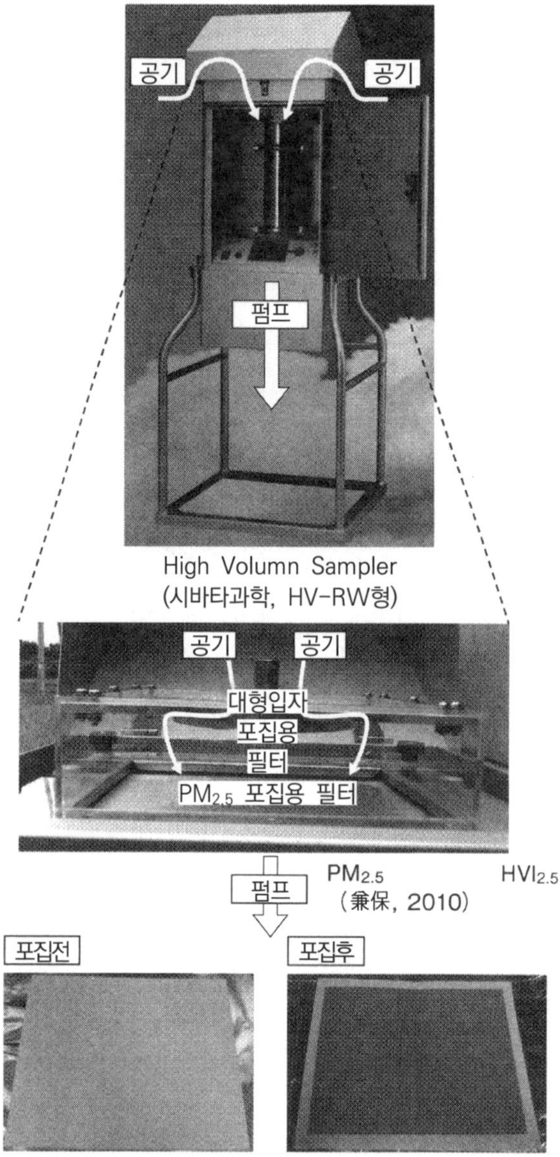

$PM_{2.5}$ 포집후의 필터(Glassfiber Filter, 츠쿠바, 24시간채집)

그림 5-3. 대기의 $PM_{2.5}$ 포집장치와 포집 전후의 필터 모습.

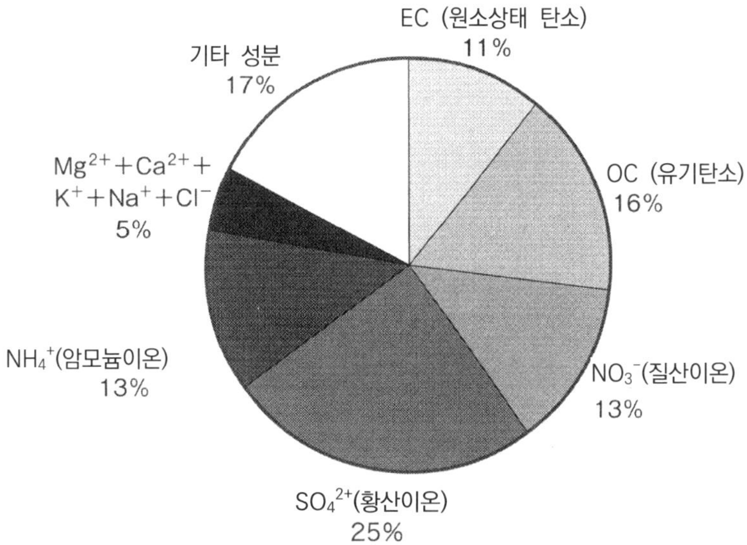

그림 5-4. 대기 $PM_{2.5}$의 구성성분.
(토쿄도東京都의 도시부 일반국의 2004~2008년도 평균값)
$PM_{2.5}$ 질량농도는 22.6㎍/m^3.

출처 : 中央環境審議會 大氣環境部會, 微小粒子狀物質 環境基準專門委員會報告(2009년)

원소상태의 탄소는 유기물이 불완전 연소하면 생성되는 고체의 입자이며※7, 이와 같이 대기에 입자 형태로 직접 배출되는 입자를 1차 입자라고 한다. 한편 황산암모늄과 질산암모늄은 대부분이 이산화황(SO_2), 질소산화물(NO_x), 암모니아(NH_3)와 같은 가스 상태의 성분이 대기에서 반응하여 입자가 된 것으로서 이와 같이 대기에서 반응에 의해 입자로 바뀐 것을 2차 입자라고 한다.

유기탄소도 절반 정도가 이차생성물이기 때문에 그림 5-4의 경우에는 $PM_{2.5}$의 절반 이상이 2차 입자이다. 따라서 2차 입자의 비율도 높기 때문에 $PM_{2.5}$의 기원과 거동은 복잡하다.

발생원과 상황에 따라서는 유기물이 주체인 액체 방울 같은 상태로 떠돌아다니는 것도 있다. 이 유기물의 구성 성분은 다양하고, 대기 입자에서 약 15,000 종류의 유기성분을 검출한 사례도 있다.

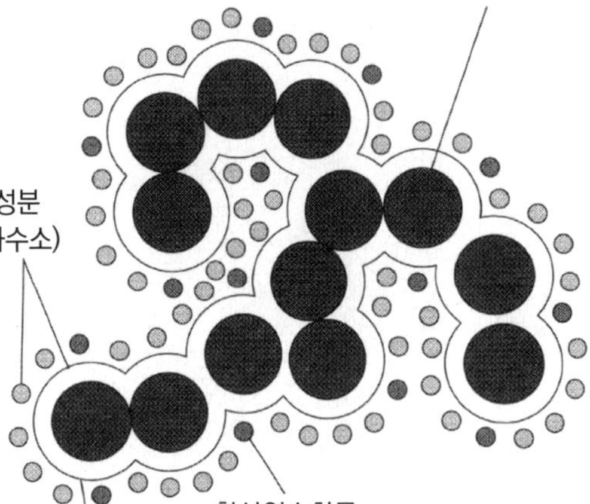

그림 5-5. 디젤 배기입자의 전형적인 형태와 구성성분.

출처 : Twigg, B.M.V., Phillips, P.R. : Cleaning the Air We Breathe - Controlling Diesel Particulate Emissions from Passenger Cars, Platinum Met. Rev., 53, 27~34(2009)의 Fig.1을 해석, 인용

또한 $PM_{2.5}$에는 다이옥신류와 벤조[a]피렌(다환방향족탄화수소의 일종)과 같은 발암성을 가진 유기성분은 물론 카드뮴과 니켈화합물 등 발암성을 가진 금속이 들어있는 경우도 있다. 이러한 유해화학성분이 $PM_{2.5}$ 독성의 원인이 될 가능성은 있지만, 이미 알고 있는 유해성분의 독성을 모두 더해도 $PM_{2.5}$ 전체의 독성보다 매우 낮은

경우가 많고, $PM_{2.5}$의 독성과 건강에 영향을 미치는 상세한 성분과 요인은 아직 밝혀지지 않았다.

$PM_{2.5}$의 발생

$PM_{2.5}$는 어디에서 날아오는 것일까? 2013년 무렵부터 갑자기 $PM_{2.5}$에 대한 보도가 많아졌지만, $PM_{2.5}$라는 새로운 물질이 최근에 갑자기 발생하기 시작한 것은 아니다. 매스컴이 「$PM_{2.5}$」라는 익숙하지 않은 용어를 사용하였기 때문에 국민들이 새로운 물질이 등장한 것처럼 착각을 한 것으로 생각된다.

그러나, 실제로 일본의 대기 부유입자물질(SPM : 직경 약 7㎛ 이하의 입자. $PM_{2.5}$는 SPM(suspended particulate matter)의 일부)의 농도는 1974년 이후 계속 낮아지고 있다. $PM_{2.5}$의 농도도 측정이 시작된 2001년의 전국 평균농도는 22.8㎍/m^3이었지만, 2013년도에 15.3㎍/m^3까지 낮아졌으며, 2016년도에는 11.9㎍/m^3가 되었다.

전체 대기 부유입자물질 측정소에서 환경기준(연간 평균 15㎍/m^3 이하 또는 일일 평균 35㎍/m^3 이하)을 충족한 측정소의 비율(환경기준 달성률)도 2016년도에는 89%로 단숨에 개선되었다. 다만, 환경기준은 어디까지나 하나의 기준이기 때문에 앞으로도 동향을 주시해야 할 필요가 있다.

$PM_{2.5}$의 발생원

일본의 $PM_{2.5}$ 농도가 낮아진 것은 일본 내의 발생원, 특히 자동차와 공장으로부터의 배출이 줄어든 것이 주요한 이유일 것이다. 1960~1970년대(환경오염이 심각했던 시기)의 일본에서는 자동차와 다양한 공장들이 $PM_{2.5}$의 주요 발생원이었지만, 이들로부터 배출이 줄어들었기 때문에 대기의 $PM_{2.5}$ 농도에서 자동차 배기의 기여율은 1987~1988년에 53%, 1998년에 37%, 2007년에는 12%로 서서히 낮아진 것으로 추정된다.

2007년 여름철의 군마현群馬縣 마에바시前橋市에서 포집된 $PM_{2.5}$의 발생원별 기여율을 살펴보자(그림 5-6). 우선 1차 입자 발생원의 기여는 전체의 29.8% 밖에 안 된다(점선으로 둘러싼 부분). 이 1차 입자의 발생원을 살펴보면, 가장 많이 기여하는 것이 디젤자동차 배기가스(12.4%)이고, 다음으로 도로분진(3.8%), 중유연소(2.7%), 들판 소각(2.6%), 폐기물 소각(2.6%)의 순으로 되어 있다. 또한 이 책에서는 볏짚처럼 농작물의 불필요한 부분을 야외에서 소각하는 것을 「들판 소각」이라 하겠다.

이렇게 보면 디젤엔진의 배기(자동차배기)가 여전히 중요한 발생원이지만, 들판 소각과 같이 그 외의 발생원도 어느 정도 중요성을 가지고 있는 것을 알 수 있다. 또한 2차 입자가 $PM_{2.5}$ 농도의 50%를 차지하고 있다. 2차 입자는 다양한 발생원에서 방출된 휘발성 유기화합물과 NO_x, SO_2, 암모니아 등의 반응에 의해 생성된다.

휘발성 유기화합물은 가솔린 증기와 공장에서 이용되는 각종 유기용제有機溶劑 등에서 인위적으로 발생할 뿐만 아니라, 삼림과 같은 자연과 생물로부터도 발생한다. NO_x는 물질이 연소될 때 발생하고, SO_2는 선박과 화산, 화력발전소 등으로부터 발생한다. 암모니아는 주로 가축의 배설물과 화학비료의 시비施肥에 의해 발생한다. 이와 같이 2차 입자의 근원이 되는 가스 상태 물질(전구물질)의 발생원은 여러 곳에 퍼져 있어서 2차 생성 과정도 복잡하다. 이 때문에 $PM_{2.5}$의 기원과 생성 메커니즘, 환경에서의 거동은 아직까지도 파악하지 못한 부분이 있다※1.

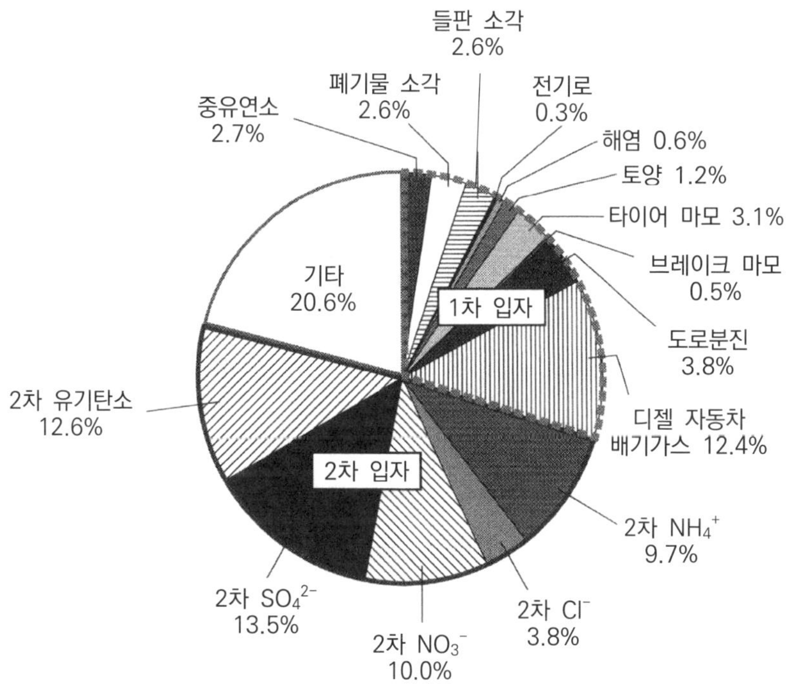

그림 5-6. $PM_{2.5}$ 농도의 발생원별 기여율(2007년 여름철 군마현群馬縣 마에바시前橋市).
출처 : 高橋克行, 伏見曉洋, 森野悠, 飯島明宏, 米持眞一, 速水洋, 長谷川就一, 田邊潔, 小林伸治(2011) 「北關東における微小粒子狀物質のレセプターモデルと放射性炭素同位体比を組み合わせた發生源寄与率推定」 『大氣環境學會誌』 46, 156-163의 그림을 변형한 것

일본의 $PM_{2.5}$ 농도에서 들판 소각의 기여는 3~10% 정도로 추정되며, 계절과 지역에 따라서는 들판 소각의 기여가 더 큰 경우도 있을 것이다. 실외에서의 쓰레기 소각은 법률(폐기물 처리 및 청소에 관한 법률)로 규제되었지만, 볏짚과 왕겨 같은 농업 부산물의 들판 소각은 일부 자치단체에서 조례로 규제되고 있을 뿐 법률로는 규제되고 있지 않다. 이 때문에 현재 일본 전국의 10~20% 정도의 논에서 들판 소각이 이루어지고 있으며, 이바라키현茨城縣 츠쿠바시의 교외에서는 그림 5-7과 같은 광경을 매년 빈번하게 볼 수 있다[※8]. 이 사진과 같이 들판 소각 시에 발생하는 흰색 연기가 $PM_{2.5}$이다. 일본은 총면적의 12%가 논이나 밭과 같은 경작지이며, 쯔쿠바시는 총면적의 38%가 경작지이므로 들판 소각은 친근한 $PM_{2.5}$의 발생원이라 할 수 있다.

그림 5-7. 실제 들판 소각(미규제) 모습(츠쿠바시 2011~2014년).

사진제공 : 국립환.경연구소 藤谷雄二氏·高見昭憲氏·伏見曉洋

지구규모에서 들판 소각, 삼림화재, 난방, 조리용 장작 연소와 같은 바이오매스(biomass)의 연소는 자동차 배기와 같은 인위적 기원에서 배출되는 $PM_{2.5}$의 총량과 거의 동등한 양을 배출하는 거대한 발생원이기 때문에 활발하게 조사와 연구가 이루어지고 있다. 이러한 상황 때문에 2015년 3월 일본 환경성이 정리한 「미세입자물질의 일본 내 배출 억제책의 기본방침(중간 정리)」에서 들판 소각에 대한 단기적 과제로 「농도 상승이 예측되는 기상조건 시에는 들판 소각을 실시하지 않도록 요청할 것」, 중장기 과제로 「필요한 대책 검토를 중장기적으로 진행할 것」으로 기술하고, 들판 소각을 중요한 발생원의 하나로 자리매김하였다. 또한 일본 국립환경연구소의 연구그룹은 들판 소각으로 발생하는 입자의 배출계수와 조성 및 산화능력(독성의 지표)을 조사하여, 들판 소각으로 배출된 입자의 질량당 산화능력이 자동차 배기입자와 $PM_{2.5}$에 비해 산화능력이 낮은 것을 밝혔다[※8].

$PM_{2.5}$의 발생원은 이 외에도 있다. 예를 들면 음식의 조리, 화산, 선박, 항공기, 식물(낙엽 등), 담배연기와 같은 것들이다. 음식을 조리할 때 $PM_{2.5}$가 발생한다면 얼핏 이해가 안 될 수 도 있지만, 생선을 굽거나 숯불로 고기를 구울 때 나오는 흰색과 검은색 연기가 $PM_{2.5}$이다. 식재료의 종류와 조리법에 따라서 $PM_{2.5}$의 발생량과 조성이 달라지지만, 조리로부터 발생하는 $PM_{2.5}$의 주성분은 식재료와 조리용 기름에서 발생한 유기물이며, 다환방향족탄화수소와 같은 유해성분을 함유하는 경우도 있다.

음식의 조리는 미국에서 이전부터 $PM_{2.5}$의 발생원으로 인식되어 배출 인벤토리(inventory)에도 들어가 있었지만, 일본에서는 그다지 주목받지 못했다. 그러나 국립환경연구소 연구팀의 연구결과에서는 $PM_{2.5}$의 유기물에서 조리의 기여율이 연평균 5% 정도로 추정되어 앞으로 보다 상세한 해석과 검토가 필요할 것이다.

또한 이 2차 입자까지 포함하여 생각하면, $PM_{2.5}$ 농도에는 인위적(화석연료 기원) 발생원뿐만 아니라 자연적(식물기원계) 발생원도 크게 관여하고 있다. 예를 들면 도심에서도 $PM_{2.5}$의 총탄소 성분에 40% 정도가 식물기원 발생원(바이오매스 연소와 식물기원 2차 입자 등)으로 추정된다.

월경오염(국외)의 기여도

다음으로 외국으로부터의 유입에 눈을 돌려 보겠다. 오염물질이 국경을 넘어서 발생원으로부터 멀리 떨어진 지역까지 운반되어 그 지역의 환경을 오염시키는 것을 「월경오염」이라고 한다. 중국에서는 NO_x와 SO_2와 같은 대기오염물질 배출량이 1950년 이후 급격하게 증가하고 있지만, 2006~2011년 무렵에 최대에 도달한 후 점차 낮아지는 경향으로 추정된다. 여기에 연동하듯이 베이징시(미국대사관에서 측정)의 $PM_{2.5}$ 농도는 2012년도에 연평균 103$\mu g/m^3$였지만, 그 후 낮아지기 시작하여 2016년도에는 77$\mu g/m^3$가 되었다.

일본과 중국이 위치한 중위도 상공에는 편서풍이라는 서풍이 항상 불고 있다. 이 때문에 중국 등 유라시아 대륙에서 발생한 $PM_{2.5}$가 편서풍을 타고 한국과 일본으로 운반된다. 일본에서는 대체로

큐슈九州와 같은 서쪽 지방에서 월경오염의 기여가 크다[※9]. 예를 들면 후쿠오카현福岡縣의 $PM_{2.5}$ 농도에 국외로부터의 기여는 2013~2015년의 평균으로 80% 정도로 추정되었으나, 점차 국외의 기여는 줄어들어 $PM_{2.5}$ 농도도 낮아질 것으로 예상된다[※10].

$PM_{2.5}$는 대기로 방출된 후 습식침적(강우) 또는 건식침적(확산, 중력침강)으로 지표면, 삼림, 건물 등으로 침적되어 대기로부터 제거된다. 그리고 대기에서의 수명(대기에서의 농도가 절반으로 감소할 때까지 걸리는 시간 = 반감기)은 수일~수주일 정도로 비교적 길다. 또한 대기로 부상한 토양 입자가 약 13일에 걸쳐 지구를 한 바퀴 순회하는 양상도 관측되었다. 말 그대로 $PM_{2.5}$는 지구를 떠돌아다니고 있는 것이다. 그리고 대기에서 운반도중에 구성 성분의 휘발(가스로 바뀜), 응축凝縮(가스성분이 입자로 바뀜), 응집(입자들의 결합), 산화반응으로 성분이 변질되기도 한다. 또한 황사가 부상하여 도시지역을 통과하는 사이에 인위적 기원의 유해물질을 흡착하는 경우도 알려져 있다.

$PM_{2.5}$는 일본과 중국만의 문제는 아닐 것이다. WHO(World Health Organization)는 2012년 전 세계에서 대기의 $PM_{2.5}$로 인한 사망자수가 연간 370만 명으로 추정하였다. 따라서 지역별로 정도의 차이는 있지만, $PM_{2.5}$와 같은 대기오염은 이제는 전 세계의 문제라고 할 수 있다. 매스컴에서는 최근 프랑스와 중국, 인도의 대기오염이 심각하다는 것을 활발하게 보도하고 있다.

미국과 유럽의 선진국들에서는 2016년 $PM_{2.5}$의 연평균 농도가 일본과 같은 정도이거나 그 이하인 나라가 많았지만(그림 5-8), 중국과 인도는 각각 51.0$\mu g/m^3$ 및 68.0$\mu g/m^3$로 일본의 4~5배 이상 높았다. 게다가 중동(카타르 등)과 네팔 등 중국과 인도보다도 오염이 심한 국가나 지역도 있다. 최근에는 세계 각지의 $PM_{2.5}$의 농도를 실시간으로 알 수 있다[※11].

순위	국가명	$PM_{2.5}$ 농도
1	부르나이(Brunei Darussalam)	5.8
1	뉴질랜드	5.8
9	미국	7.6
22	영국	10.6
32	일본	11.8
39	프랑스	12.4
179	중국	51.0
182	이라크	60.1
184	인도	68.0
189	카타르	91.7
190	네팔	99.5

※ 세계 190개국·지역의 정보로부터 발췌. 농도가 낮은 순서

그림 5-8. 전 세계 도시지역의 $PM_{2.5}$ 농도(2016년의 평균값, $\mu g/m^3$).

출처 : World Health Organization, World Health Statistics 2018, ANNEX B

국가와 개인이 가능한 대책

그러면, 대기의 $PM_{2.5}$ 농도를 낮추고 사람이 흡입하는 양을 줄이기 위해서 국가와 지방자치단체 그리고 개인이 할 수 있는 대책을 살펴보자. 우선 국가와 지방자치단체가 해야 할 대책으로는 2013

년 무렵 일본에서 이 「$PM_{2.5}$ 패닉(panic)」으로도 불렸던 시기가 있었기 때문에 환경성은 「$PM_{2.5}$ 정책 패키지(package)」를 책정하였다. 이 패키지에는 다음과 같은 3가지의 목표가 설정되어 있다.

목표 1 : 국민의 안전·안심 확보

목표 2 : 환경기준의 달성

목표 3 : 아시아 지역에서 청정한 대기 공유

$PM_{2.5}$의 농도 저감에 관련 있는 것이 목표 2이며, 중앙환경심의회 전문위원회의 종합적인 논의를 바탕으로 $PM_{2.5}$의 현상 해명과 감소대책의 검토가 포함되어 있다. 구체적인 항목은 발생원 정보의 정비, 2차 생성기구의 해명, 시뮬레이션 모델 구축, 대기환경 모니터링의 충실, 건강에 미치는 영향에 관한 지식의 축적 등이며, 지방자치단체, 기업, 연구자가 연계된 일본의 지혜를 결집하여 아시아 각국과 밀접하게 협조하는 내용이 제시되어 있다.

앞에서 설명한 것처럼 $PM_{2.5}$는 월경오염도 무시할 수 없으므로 일본 국내의 대책만으로는 한계가 있다. 이 때문에 목표 3에는 대기오염에 관한 한·중·일 3개국의 정책대화를 추진하고, 대기오염 대책에 관한 국제협력을 추진하는 내용이 들어 있다.

이 외에도 지방자치단체들의 협력, 연구자들의 정보와 의견교환 및 공동연구 등도 이루어지고 있다. 또한 각 발생원에서 $PM_{2.5}$와 2차 입자의 전구물질 배출량을 줄이면, 대기의 $PM_{2.5}$ 농도가 감소하기 때문에 각 발생원에서의 조치도 중요하다.

다음으로 $PM_{2.5}$가 몸속으로 들어가는 양을 줄이기 위해 개인이 할 수 있는 대책에 대해 살펴보자. 우선 $PM_{2.5}$는 호흡을 통해 몸속으로 들어가므로 공기의 $PM_{2.5}$ 농도를 줄이거나 호흡하는 공기로부터 $PM_{2.5}$가 들어가는 것을 막을 수 있으면, 체내 유입량을 줄일 수 있다. 따라서 실내 공기는 실외 공기가 들어오는 통로에 필터(꽃가루 차단용 환기 필터와 방충망용 등)를 설치하거나 공기청정기를 가동시키면 어느 정도 $PM_{2.5}$의 농도를 줄이는 것이 가능할 것이다.

한편 실내에서도 조리와 실내먼지(house dust), 흡연과 같은 $PM_{2.5}$의 발생원이 있으므로 이러한 것들의 발생을 줄이는 것도 효과가 있을 것이다. 또한, 코와 입을 덮는 마스크도 어느 정도 효과를 기대할 수 있다. 그러나 안면과 마스크 사이에 틈이 있으면, 그 사이로 들어오기 때문에 충분한 제거 효율을 얻을 수 없다. 다만 지금까지 설명한 것처럼 기본적으로는 지금까지 없었던 맹독물질에 갑자기 대량으로 노출되고 있는 것이 아니라 오히려 노출량은 매년 낮아지고 있으므로 과도하게 두려워할 필요는 없을 것이다.

앞으로의 전망과 과제

앞에서 설명한 것처럼 앞으로 중국과 일본 국내에서의 배출 저감을 통해 일본의 $PM_{2.5}$ 농도는 낮아질 것으로 예상되지만, 앞으로도 계속 내려갈 것으로 장담할 수는 없다. 또한, 미국의 $PM_{2.5}$ 환경기준(연평균)은 $12\mu g/m^3$이며, WHO는 $PM_{2.5}$의 권고값[13](연평균)으로 $10\mu g/m^3$을 제시하고 있으므로 일본도 향후 이들 기준들을 참고하여 환경기준을 강화할 가능성이 있다.

---

13) 우리나라의 $PM_{2.5}$ 대기환경기준 : 연평균 15 $\mu g/m^3$, 일평균 35 $\mu g/m^3$.

만약 일본이 환경기준을 강화할 경우에는 농도를 더욱 저감하기 위해 지금까지 그다지 주목받지 못했던 들판 소각과 조리, 선박, 항공기와 같은 발생원에 대해서도 대책을 검토하고, 경우에 따라서는 규제를 강화할 필요가 있을 것이다.

어떠한 발생원에 대해 중점적으로 대책을 마련해야 하는지를 검토하기 위해서는 발생원별 기여율을 정확하게 알 필요가 있다. 그러기 위해서는 배출 인벤토리(inventory), 수치 시뮬레이션(simulation), 수용모델(receptor model), $PM_{2.5}$의 농도와 성분 측정의 고도화 및 고정밀화를 종합적으로 진행할 필요가 있다. 2차 입자(특히 유기물이 주성분인 2차 유기입자)의 기원과 거동을 더욱 정확하게 파악하는 것도 중요한 과제이다. 일본 국내외에서는 이러한 관점에서 활발하게 연구가 진행되고 있으며, 일본 국립환경연구소에서도 광범위한 주제에 대해 연구를 진행하고 있다[※1,8,9,12].

$PM_{2.5}$의 구성성분은 아직 모두 밝혀지지 않았지만, 기술의 발전으로 측정할 수 있는 성분의 종류와 시료의 수는 매년 늘어나고 있다. 또한, 지금까지 대기의 $PM_{2.5}$는 오로지 농도만으로 평가되어 왔지만, 이제부터는 조성과 독성의 차이도 고려하여 발생원에 대한 대책을 세워가는 것이 중요할 것이다.

그런데, $PM_{2.5}$의 농도가 높을 것으로 예상되는 날에 발령되는 「주의환기」는 $PM_{2.5}$ 자동측정기로 1시간동안 측정한 값을 근거로 판단하고 있지만[※3], 실제로 측정값이 충분히 검증되어 있는 것은 24시간 측정값뿐이기 때문에 1시간 측정값은 아직 충분한 검증이 이루어지지 않았다. 그리고 1시간 측정값은 관측지점과 측정 장비의 종류에 따라 마이너스(−) 값으로 나오거나 부자연스러운 시계열 변화(trend)를 나타내는 것도 알게 되었다. 이러한 상황을 파악한 환경성은 「미세입자물질($PM_{2.5}$) 질량자동측정기의 1시간 측정값 정밀도 검토회」에서 이 문제를 해결하기 위해 시판되는 측정장비의 특징과 측정 정밀도의 평가가 이루어졌다. 또한, 국립환경연구소의 연구그룹은 이 검토회의 협력을 바탕으로 보다 정확한 측정방법을 개발해왔다.

미래에는 기후변화와 에너지원의 변화(예를 들어 전기자동차)에 따른 새로운 대기환경 문제가 일어날 가능성도 있기 때문에 유연한 대응이 요구된다. 또한, 오염을 제거하기보다는 더욱 깨끗하고 쾌적한 대기환경을 조성한다는 관점으로 연구를 진행하거나 대책을 세우는 것이 중요할 것이다.

(후시미 아키히로伏見曉洋 국립환경연구소 환경계측연구센터 주임연구원)

제2부

위험한 화학물질의 영향

제6장 소아의 발달과 메틸수은의 영향
제7장 화학물질에 의한 면역 시스템 이상
제8장 독에 강한 동물과 약한 동물

제6장

소아의 발달과 메틸수은의 영향

임산부의 주의 환기

「이제 곧 엄마가 될 당신이 알아야하는 생선 먹는 법」

귀여운 일러스트로 꾸며진 이 팸플릿(그림 6-1)은 임신한 여성이 수은을 함유한 생선을 섭취할 때 주의해야할 사항에 대해 후생노동성厚生勞動省이 만든 것이다. 「생선은 몸에 좋아요」라는 머리말과 함께 다음과 같은 주의 사항이 있다.

「하지만 임신 중에는 약간의 주의가 필요」

"그런데 생선(고래, 돌고래를 포함)에는 먹이사슬을 통해 자연계에 존재하는 수은이 들어 있다. 생선을 너무 많이 먹는 편중된 식생활 때문에 몸속으로 들어간 수은이 뱃속의 아기에게도 영향을 미칠 가능성이 최근의 연구에서 지적되었다. 이 때문에 2003년 생선에 들어있는 수은의 섭취에 대한 검토가 이루어졌으며, 주의사항이

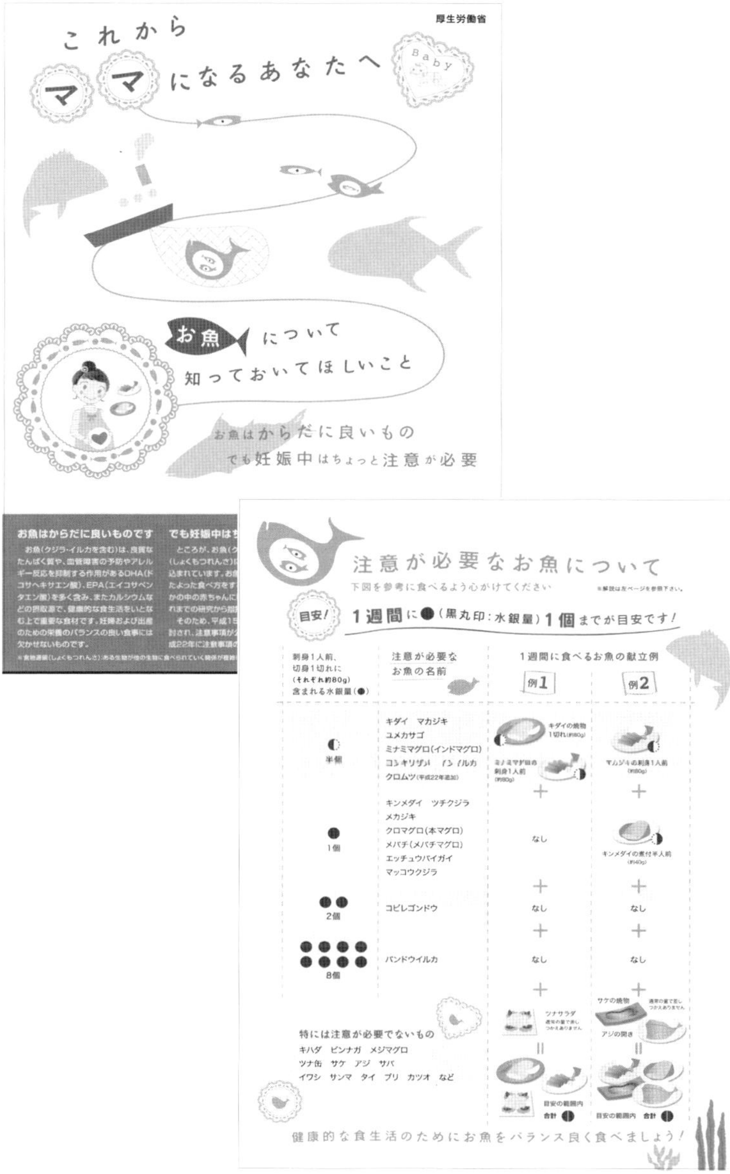

그림 6-1. 후생노동성이 임산부를 위해 작성한 「수은 과잉섭취」에 주의를 호소하는 팸플릿(위쪽). 권장하는 주간 식단의 예시가 기재되어 있음(아래쪽).

공표되었다. 이 주의사항은 2005년과 2010년에 재검토가 이루어졌다."라는 내용이다.

이 팸플릿에는 주의해야 하는 생선으로 황돔, 청새치, 홍감펭, 남방참다랑어(인도다랑어), 청새리상어, 작은 곱등어(까치돌고래), 게르치류, 황새치, 참다랑어, 눈다랑어 등을 들고 있다. 그리고 각각의 생선에 들어있는 수은의 양과 함께 기준값을 초과하지 않는「주간 생선 식단의 예시」도 소개하고 있다.

하지만 리스트에 들어있는 생선은 다랑어처럼 식탁에 빈번히 올라오고, 초밥집에서도 인기 있는 생선이 포함되어 있다. 우리가 일상에서 먹고 있는 이러한 생선들을 임산부가 너무 많이 먹으면, 뱃속 아기의 건강에 영향을 미친다는 것은 임산부가 아닐지라도 신경이 쓰이는 일이다.

그렇다면 후생노동성이 이러한 팸플릿을 작성한 이유는 어디에 있을까? 또한 임산부가 이러한 생선들을 과잉 섭취하면 태아胎兒에게 어떤 영향이 미치는 것일까?

이 장에서는 생선에 들어있는 수은이 태아에 미치는 영향에 대해 지금까지의 연구를 통해 알려진 것들을 소개하겠다.

메틸수은과 미나마타병

제3장에서도 설명한 것처럼 수은은 액체, 고체 그리고 기체로도 존재하는 원소이며, 크게 탄소와 결합한 유기수은과 그렇지 않은 무기수은으로 나눌 수 있다. 태아에게 영향을 미칠 것으로 우려되

는 것은 유기수은의 일종인 메틸수은(CH_3Hg^+)이다.

메틸수은이 원인이었던 환경오염에 기인한 질병으로 미나마타병이 잘 알려져 있다. 미나마타병은 화학공장의 폐수에 들어있던 메틸수은에 의해 쿠마모토현熊本縣 미나마타만 주변이 오염되어 메틸수은을 섭취한 어패류를 사람이 섭취하여 건강에 피해를 일으킨 것이다.

메틸수은은 지방에 녹기 쉬운 성질을 가진 물질이기 때문에 생체 내에서는 아미노산의 일종인 시스테인(cysteine)과 결합하여 어패류의 가식부可食部인 근육에 축적되는 성질이 있다.

매우 낮은 농도로 녹아 있는 화학물질이 먹이사슬을 통해 점차 농축되어 가는 현상을 생물농축[주1)]이라 하며, 메틸수은은 이러한 생물농축이 일어나기 쉬운 물질로 알려져 있다.

어패류 섭취를 통해 사람의 몸속에 들어간 메틸수은은 소화관에서 잘 흡수된다. 그리고, 메틸수은-시스테인 결합체의 형태로 혈액과 함께 몸속을 순환한다. 몸속으로 들어간 메틸수은은 중추신경계中樞神經系인 뇌에도 작용한다.

그러나 인간의 뇌에는 유해한 성분이 뇌로 들어가지 못하게 하는 혈액-뇌관문이라는 구조가 있다. 이 때문에 원래는 영양소도 아닌 메틸수은은 뇌로 이동할 수 없다.

그런데, 메틸수은-시스테인 결합체는 사람에게 중요한 필수아미노산인 메티오닌(methionine)과 매우 유사한 화학구조를 가지고 있다. 뇌에는 메티오닌을 흡수하는 특이한 수송 시스템(transporter)이 있기 때문에, 실제 독성이 높은 메틸수은-시스테인 결합체도 이 수송경로를 따라 뇌로 이동한다.

미나마타병에는 임산부가 메틸수은에 오염된 어패류를 섭취하여 태아에게 영향을 미친 「태아성 미나마타병」도 있다. 모친에게서는 미나마타병으로 보이는 전형적인 증상이 관찰되지 않았는데도 불구하고, 태반을 통과한 메틸수은이 태아에게 중대한 영향을 미친 것이다. 이러한 사실로부터도 메틸수은에 가장 예민한 집단은 태아로 생각된다.

태아성 미나마타병이 발생한 이유로는 몇 가지 요인을 생각할 수 있다. 우선, 신경계가 발생·발달하는 태아시기에는 메틸수은에 매우 민감하게 반응하기 때문에 성인에게는 영향이 없는 미량의 농도이더라도 태아에게는 영향을 미치는 것으로 생각된다.

또 하나의 이유는 모체母体와 태아를 연결하는 태반의 기능을 생각할 수 있다. 태반은 일반적으로 영양성분은 통과시키고, 유해한 성분을 배제하는 태아의 방어벽 기능을 가지고 있다. 그러나 모체혈母体血과 태아혈胎兒血(출생시의 제대혈臍帶血)의 수은 농도를 비교한 결과 태아혈에서 농도가 높았다.

앞에서 아미노산인 시스테인과 결합한 메틸수은-시스테인 결합체는 필수아미노산인 메티오닌과 구조가 유사하기 때문에 혈액-뇌관문을 통과한다고 설명하였다. 실제로 태반에도 뇌와 마찬가지로 모체혈에 있는 메티오닌을 태아로 수송하는 시스템이 존재한다. 이 태반 시스템 때문에 메틸수은도 태아로 이동하는 것으로 생각된다.

즉 메틸수은에는 태반이 방어벽으로 기능하지 않을 뿐만 아니라 오히려 메틸수은을 모친으로부터 태아에게 적극적으로 수송하여 농축시키는 역할을 한다. 따라서 메틸수은이 건강에 미치는 영향은 성인이나 소아에 비해 태아가 훨씬 주의가 필요할 것이다.

국외의 선행연구 결과

미나마타병이 확인된 이후 일본에서는 한정된 좁은 지역의 환경에 높은 농도의 메틸수은이 배출되는 일은 적어지고, 성인과 소아가 메틸수은으로 인한 미나마타병과 같은 신경장해를 일으키는 일은 거의 사라졌다. 메틸수은으로 인해 건강에 심각한 피해를 미치는 위해성은 지나간 것처럼 보였지만, 최근 이러한 낙관론에 찬물을 끼얹는 조사결과가 해외로부터 계속 보고되고 있다.

북대서양의 고위도 지역에 있는 페로제도(Faeroe Island)는 차갑고 서늘한 기후 때문에 전통적으로 양의 목축업과 수산업이 번창했다. 평지가 적어 양질의 단백질원인 소와 돼지의 사육이 곤란했기 때문에 오랫동안 주민들은 거두고래류(*Globicephala*)를 포획하여 단백질원으로 이용해 왔다.

먹이사슬의 최상위에 있는 거두고래류는 메틸수은 농도가 높은 것으로 알려져 있다. 따라서 페로제도에서 1986년부터 현재까지 메틸수은에 대해 출생 코호트 조사(cohort study)가 이루어졌다. 출생 코호트 조사란 임산부가 참가하여 태어난 아이의 성장과 발달을 장기적으로 계속 추적하는 조사이다(상세한 것은 뒤에 설명).

페로제도의 코호트 조사에서 출산 시 모친 모발의 총 수은 농도는 0.2～39.1(중앙값 4.5)μg/g으로 일본 여성의 노출수준(기하평균값 1.64μg/g)※1 보다 높았다. 게다가 7세 어린이에서는 태아기의 메틸수은 노출이 많았을 때 기억, 주의, 언어 등의 능력이 저하하고, 신경생리학 검사(청성뇌간반응과 심전도 RR간격변화)의 지표도 변하는 것이 보고되었다※2. 14세와 22세에서도 동일한 추적조사가 이루어져서 출산 당시 모친의 모발과 제대혈(탯줄에 들어 있는 혈액)에 들어있는 수은 값이 성장과 발달에 영향을 미친다는 것도 보고되었다. 22세의 성인에서도 출산시의 메틸수은 노출이 영향을 미친다는 결론은 놀라운 현상이다.

한편 조사 당시 아이들의 모발에 함유된 메틸수은 농도의 조사결과와 신경생리학적 검사 사이의 관련성은 거의 확인되지 않았다. 이것은 아이들이 태어난 후에 노출된 메틸수은은 기억, 주의, 언어 등의 능력에 거의 영향을 주지 않는다는 것을 의미한다. 즉 태아기의 메틸수은 노출 영향이 소멸되지 않고 출생 후에도 지속되는 것이다. 일본 후생노동성이 임산부에게만 생선을 통한 수은 섭취의 위험성을 홍보하고 있는 것은 최근 태아기에 노출된 메틸수은의 위험성이 의외로 높다고 알려졌기 때문이다.

서인도양의 세이셀(Seychelles) 공화국에서도 1989년부터 현재까지 메틸수은의 출생 코호트 조사가 이루어지고 있다. 세이셀 공화국에서는 다양한 어패류를 섭취하고 있어 거두고래류가 주요한 단백질원인 페로제도 주민의 식생활과는 내용이 매우 다르다. 그러나 코호트 조사에 참가한 모친의 출산 당시 모발의 총 수은 농도는

0.5~26.7(평균값 6.8)μg/g으로 페로제도 보다 높았다. 한편 779명의 아이들을 대상으로 5세부터 24세까지 반복하여 인지능력, 언어와 이해능력, 계산능력과 같은 신경행동학 검사가 이루어 졌지만, 메틸수은 노출에 따른 부정적인 영향은 관찰되지 않았다[※3].

이 결과는 페로제도의 조사결과와 서로 달라서 학계에서 큰 논쟁이 되었던 일도 있다. 다만, 2008년에 세이셸 공화국에서 시작된 별도의 조사에서 혈액의 오메가-3계 불포화지방산(오메가3지방산)을 측정하고, 메틸수은의 영향을 평가할 때 보다 엄격한 통계해석이 이루어진 결과 메틸수은의 부정적 영향이 관찰되었다.

청어, 고등어, 연어, 정어리, 대구 등에 들어있는 DHA(docosahexaenoic acid)는 대표적인 오메가-3 지방산으로 알려져 있다. DHA를 비롯한 오메가-3 지방산은 영양학적으로 매우 중요하고, 신경생리학적으로도 건강에 도움이 되는 다양한 효능이 알려져 있다(오메가-3 지방산의 효능은 이 장의 끝부분에서 설명). 즉 세이셸 제도의 주민들은 일상에서 다양한 어패류를 섭취하고 있기 때문에 오메가-3 지방산 섭취량도 많아져 영양학적으로 긍정적인 영향이 메틸수은의 부정적 영향을 억제했을 가능성이 있다.

이러한 이유로 낮은 수준(level)의 수은 노출 영향을 검출할 때 오메가-3 지방산의 측정도 필요하다는 견해가 다른 연구그룹에서도 제안되고 있다. 그리고 태아기의 메틸수은 노출은 페로제도와 세이셸 공화국에서 관찰된 정도의 노출에서도 태아의 건강에 위험(risk)이 될 것으로 생각한다.

토호쿠東北 지역의 코호트 조사

태아기胎兒期에 노출된 메틸수은의 영향을 살펴보기 위해 어패류를 많이 먹는 집단을 대상으로 해외에서 이루어진 선행연구들을 소개하였다. 일본인도 생선을 많이 먹는 음식문화를 가지고 있지만, 어패류의 종류와 먹는 방법은 해외와 매우 다르다. 게다가 아이들의 생활환경과 사회경제적인 요인도 다르기 때문에 일본인을 대상으로 한 메틸수은의 노출 영향을 확인해 두는 것이 필요하다. 이러한 문제인식에 따라 토호쿠대학의 연구팀은 환경성의 연구 프로젝트로 2001년부터 토호쿠지방에서 코호트 조사를 수행하였다.

여기서는 코호트 조사(그림 6-2)에 대해 조금 더 상세하게 설명하겠다. 코호트 조사란 사람의 집단을 계속 관찰하는 연구방법의 하나로 관찰 대상의 집단을 코호트라고 한다. 그리고 임산부의 협력을 바탕으로 임신 중에 조사를 시작하여 태어난 후에도 계속 아이들의 성장과 발달을 추적하는 연구를 출생 코호트 조사라 한다.

이 출생 코호트 조사에서는 항상 미래를 향해 추적하기 때문에 노출된 후부터 질병과 건강에 미치는 영향이 발생하기까지의 과정을 시간을 따라 관찰할 수 있어 질병과 건강에 미치는 영향의 자연사를 살펴볼 수 있다.

이 조사는 생쥐(mouse)와 쥐(rat) 같은 동물을 이용한 시험보다 실제 사람에 대한 영향을 조사할 수 있다는 점에서 매우 유용한 방법이지만, 한편으로 연구결과를 얻기 위해서 대규모 코호트를 장기간 추적할 필요가 있어 시간과 비용이 소요되는 단점이 있다.

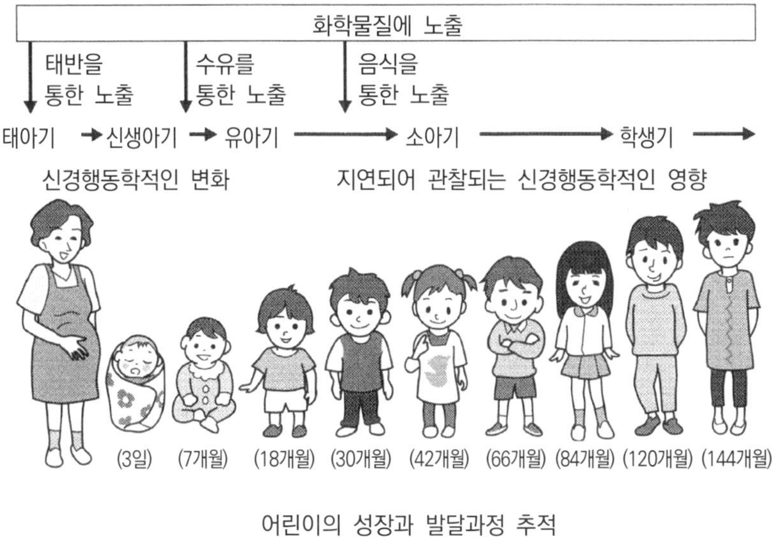

그림 6-2. 출생 코호트 조사.
메틸수은 조사는 아이들의 신경행동학적인 발달 등이 지표로 유용하며, 아이들의 성장에 맞추어 다양한 검사가 이루어진다. 메틸수은의 경우 태아기에 노출된 영향이 크고, 한편으로 출생 후의 신생아기~유아기~소아기~학생기에 노출된 영향은 관찰되지 않는 것으로 알려져 있다.

태아와 유아를 대상으로 한 조사에서는 중추신경계가 아직 성장 과정에 있기 때문에 환경변화와 화학물질의 노출에 민감도가 높을 것이다. 이 때문에 성인에서는 거의 영향이 나타나지 않을 정도의 변화와 노출량도 태아와 유아에서는 크게 나타나는 것이 우려된다. 다만 그 영향이 실제로 관찰되는 것은 아이가 어느 정도 성장하여 다양한 과제를 수행하거나 집단에서 생활하고 난 이후이다.

예를 들어 초등학생들을 대상으로 관찰된 질병의 원인이 만약 태아기에 있다고 상상해 보자. 실제로 메틸수은은 태아기에 노출된 영향이 성인이 되어서도 계속 관찰되는 것으로 알려져 있다. 이와 같은 경우 초등학생 시기부터 조사를 시작하더라도 태아기의 노출 정보가 없기 때문에 질환의 인과관계를 파악할 수 없다.

게다가 아이들의 성장과 발달은 화학물질 이외에도 가정환경, 부모의 흡연습관과 간접흡연, 임신기간, 성별, 수유기간, 사회경제적인 요인, 육아환경과 같은 다양한 요인에 의해 달라질 것이다. 이 때문에 코호트 조사에서는 이러한 다양한 원인의 조사도 병행하여 이루어진다. 이와 같은 출생 코호트 조사는 아이들의 건강과 질환을 상세하게 조사하여 그 요인을 밝히기 위한 과학적 근거를 수집하는데 중요한 수단이 될 것으로 기대된다.

토호쿠 코호트 조사는 2001년부터 토호쿠 지방의 핵심도시와 태평양 연안 지역에서 시작되었고, 각각 599 그룹 및 749 그룹(합계 1,348 그룹)의 엄마와 아이의 협력으로 실시되었다. 도시지역의 조사는 7세 연령에서 종료하였지만, 연안지역의 조사는 현재 16세 연령의 조사 준비가 진행되고 있으며, 제대혈의 PCB와 납의 분석도 진행되고 있다. 앞으로 더욱 다양한 증거들이 수집될 것으로 기대된다.

또한 현재 일본 내에서는 또 다른 출생 코호트 조사들이 이루어지고 있다. 이 중에서 환경성이 2011년에 시작한 아이들의 건강과 환경에 관한 전국조사(ecochil 조사)는 10만명 규모의 출생 코호트 조사로 그 성과가 기대되고 있다.

낮은 농도의 메틸수은 노출 영향

토호쿠 코호트의 도시지역 조사에서는 제대혈의 수은 농도가 높을수록 남자 아이의 출생시 체중이 작게 나타났다[주2)]. 조사대상 신생아 489명 전원의 제대혈내 수은 농도와 출생시 체중의 연관성은 확인되지 않았지만, 성별로 나누어서 자료를 해석하면 252명의 남자 아이에서 수은 농도와 출생시 체중 사이에 통계학적으로 의미있는 관련성이 확인되었다[※5].

도시지역의 조사에서는 제대혈내 폴리염화비페닐(PCB) 분석도 이루어져서 PCB와 출생시 체중의 관계는 남녀 모두 동일한 정도로 출생시 체중이 감소하였다. PCB는 이미 해외의 연구에서도 출생시 체중을 감소시키는 것이 보고되어 해외의 연구결과가 일본에서도 재확인된 것이다.

또한 메틸수은의 노출량 자체는 도시지역 보다 연안지역에서 높았다. 연안지역의 조사는 출산 당시 모친의 오메가-3 지방산 농도도 분석되었다. 이 때문에 메틸수은이 아이들의 인지행동에 미치는 영향은 주로 연안지역에 거주하는 참가자의 조사 결과를 해석하여 이루어졌다. 생후 18개월까지의 조사결과가 보고되어 있으며, 566명의 아이들을 대상으로 해외의 역학조사에서도 흔히 사용되는 발달검사를 한 결과, 운동발달지표에서 제대혈의 총수은 농도와 음(−)의 관련성이 관찰[주3)]되었다[※6].

그런데 출생시 체중 자료의 해석에서 남자 아이들에서 부정적인(−) 영향이 현저하였기 때문에 생후 18개월의 조사에서도 남녀로 구별하여 자료 해석이 이루어 졌다. 그 결과, 여자 아이들에서는 관련성이 관찰되지 않았지만, 남자 아이들은 제대혈의 수은 농도가 증가하면 운동발달지표의 점수가 감소하는 현상이 확인되었다.

위의 출생시 체중에 대한 조사 결과와 마찬가지로 메틸수은의 경우도 남자 아이들에서 민감도가 높을 가능성이 있다.

영향의 크기

이와 같이 토호쿠 코호트 조사로 현재 일본인의 노출 수준에서도 경미하지만 아이들의 성장과 발달에 태아기의 노출이 영향을 미치는 것으로 시사되었다. 다만 통계학적으로 의미 있게 차이가 나는 것과 아이들의 건강에 실질적인 의미로 영향을 미치는 것은 서로 다르기 때문에 얻어진 결과에 대해 신중한 검토가 필요하다.

그러면 토호쿠 코호트 조사에서 관찰된 영향 정도를 살펴보자. 앞에서 제대혈의 수은 농도가 증가하면, 운동발달지표의 점수가 감소하는 것을 소개했으며, 노출이 낮은 집단과 높은 집단의 점수 차이는 대략 5점 정도였다. 발달검사의 평균점수가 100 정도이므로 그 차이는 5% 정도로 추정된다. 이 정도의 영향은 경미하다고 할 수도 있겠지만, 집단으로 보면 무시할 수 없는 영향일 것이다.

구체적인 사례를 들면, 일반적으로 출생시 체중과 발달지수는 정규분포의 형태를 나타내는 것으로 알려져 있다. 만약 정규분포를 나타내는 지표에서 어떠한 화학물질에 노출된 것이 원인이 되어 평균값이 5% 낮아지는 상황을 가정해 보자.

지능지수(IQ)를 예를 들어 생각해보자. IQ는 평균 100, 표준편차(SD)는 15의 분포를 나타낸다(그림 6-3, 위쪽). IQ만으로 지적장해를 정의할 수는 없지만, 지적장해 지표의 하나로 70 이하의 IQ가 이용된다. IQ의 분포에서 SD를 15로 가정하면, 70 이하가 될 비율은 모든 집단의 2.3%로 계산된다.

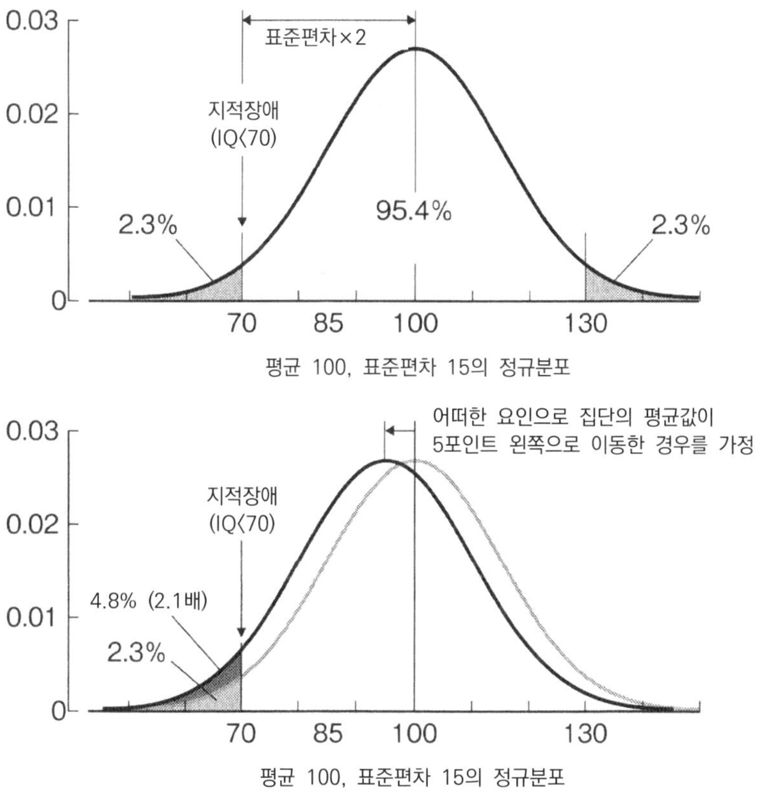

그림 6-3. 평균값에서 5% 정도의 영향은 큰 것일까?

지능지수(IQ)는 평균값 100, 표준편차 15의 정규분포를 나타낸다(윗쪽). 그리고 어떠한 화학물질에 노출되어 평균값이 5점 감소했을 때의 영향을 추정했다. 지적장애의 기준인 IQ 70 이하의 비율은 일반적으로는 2.3% 정도로 관찰되었지만, 노출이 있으면, 2.1배인 4.8%로 증가한다(아래쪽).

여기서 어떠한 화학물질에 노출되어 집단 전체의 아이들 IQ가 5 낮아졌다고 가정하였다. 노출이 없는 집단과 있는 집단의 분포를 겹쳐도 대부분의 아이들의 IQ에는 큰 차이가 나타나지 않았다.

그러나 IQ가 70 이하인 아이들의 비율에 주목한 경우 노출이 없을 때는 2.3%인 것에 비해 노출이 있으면, 이 비율이 2.1배인 4.8%로 증가하는 것을 알 수 있다[※7]. 즉 어떠한 사정으로 IQ가 낮은 고위험(high risk)의 아이들에서는 화학물질에 경미하게 노출된 영향일지라도 부정적인 영향이 크다는 것을 강하게 시사하고 있다.

위해성(risk) 관리와 기준값

일반적으로 건강에 미치는 위해성(risk)이 관찰된 경우 「위해성 회피」, 「위해성 저감」 및 「위해성 수용」과 같은 3가지의 선택지가 있다. 위해성 회피는 위해성이 있는 것은 전혀 하지 않고, 위해성을 없애는 것이다. 위해성 저감은 위해성을 없애는 것이 불가능한 경우 가능한 낮추는 것이다. 한편 위해성의 저감도 어려운 경우 그 위해성을 받아들이는 것도 생각할 수 있다.

메틸수은의 경우는 원인이 명확하고, 메틸수은이 많이 들어있는 어패류의 섭취량을 줄이는 것으로 위해성을 낮출 수 있다. 외국의 선행연구 결과를 받아들여 일본도 임산부의 메틸수은 섭취량에 안전기준을 설정해야 한다는 여론이 높아졌다. 이 때문에 2005년 내각의 식품안전위원회가 메틸수은의 섭취기준을 제안하였다.

이 위원회는 태아를 고위험군(high risk group)으로 인정하고, 임산부 또는 임신 가능성이 있는 여성의 메틸수은 주간허용섭위량週間

許容攝取量을 수은(Hg) 양으로 환산하여 2.0μg/kg-체중/주로 하였다. 주간허용섭취량이란 의도하지 않았는데도 식품에 들어 있거나 식품을 오염시킨 물질을 사람이 매주 섭취해도 인체에 영향이 없을 것으로 생각되는 허용량이다.

일반적으로 주간허용섭취량은 우선 동물실험과 사람을 대상으로 한 조사결과로부터 최대무작용 농도[주4]를 결정하고, 불확실계수를 고려하여 결정된다. 최대무작용 농도란 어떤 화학물질을 일생동안 계속 섭취하더라도 유해한 영향이 없을 것으로 판단되는 최대의 양을 의미한다. 그리고 불확실계수란 주간허용섭취량을 결정할 때 최대무작용 농도의 안전성을 보다 더 확보하기 위해 이용되는 계수이다. 불확실성까지 고려하여 안전성을 확보하기 위해 매우 신중하게 계산된 기준이라고 할 수 있다(그림 6-4).

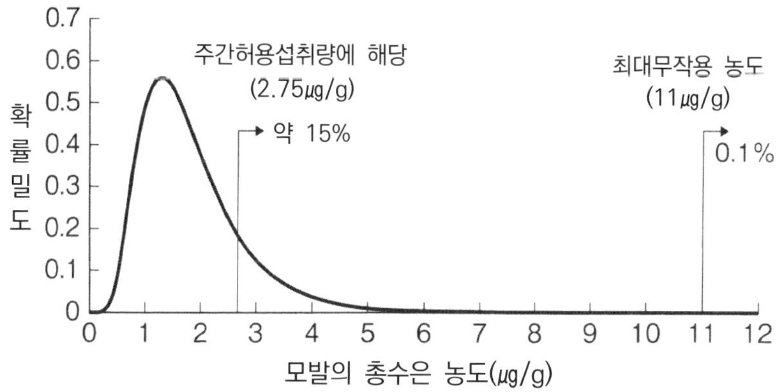

그림 6-4. 일본 여성 모발의 수은 농도 분포 추정.

국립미나마타종합연구센터가 2000~2004년에 걸쳐 일본내 14개소에서 조사한 15~49세의 여성 1,200명의 모발내 수은 농도는 주간허용섭취량에 해당하는 모발 수은 농도(2.75μg/g)를 초과하는 여성이 전체의 15%였고, 최대무작용 농도의 모발 수은 농도(11μg/g)을 초과하는 여성은 0.1%라고 보고하였다. 이 보고서를 참고하여 그래프를 작성함.

식품안전위원회의 제안을 받아들여 후생노동성은 2005년에 임산부가 주간허용섭취량을 초과하지 않도록 메틸수은 농도가 비교적 높은 일부의 어패류 섭취를 줄이기 위해 「임산부가 주의해야 할 어패류의 종류와 그 섭취량의 기준」(그림 6-5)를 발표하였다. 이 자료에는 메틸수은의 농도가 높은 일부 어패류의 주간섭취량 기준이 제시되어 있다.

섭취량(근육)의 기준	어패류
1회 약 80g으로 임산부는 2개월에 1회까지 (1주일에 10g 정도)	큰돌고래
1회 약 80g으로 임산부는 2주에 1회까지 (1주일에 40g 정도)	들쇠고래
1회 약 80g으로 임산부는 주에 1회까지 (1일에 80g 정도)	금눈돔 황새치 참다랑어 눈다랑어 물레고둥 부리고래류 향(유)고래
1회 약 80g으로 임산부는 주에 2회까지 (1일에 160g 정도)	황돔 청새치 홍감펭 남방참다랑어 청새리상어 작은곱등어까치돌고래 게르치류

(참고 1) 다랑어 중에서도 황다랑어, 날개다랑어, 다랑어새끼(참다랑어 치어), 참치캔은 통상의 섭취로는 지장이 없기 때문에 균형 있게 섭취할 것

(참고 2) 어패류의 소비 형태별 일반적인 중량은 다음과 같다.

초밥, 생선회	1개 또는 1조각	15g 정도
생선회	1인분	80g 정도
토막생선	1토막	80g 정도

그림 6-5. 후생노동성이 작성한 「임산부가 주의해야할 어패류의 종류와 그 섭취량 기준」.

섭취량 기준은 메틸수은 농도가 높은 어패류의 목록을 작성하여 허용섭취량의 50%를 목록 그룹에서 섭취하고, 나머지 50%를 목록 이외의 어패류에서 섭취한다고 가정하여 정했다. 메틸수은은 대부분의 어패류에 들어있기 때문에 주의해야 할 어패류의 섭취를 줄이더라도 메틸수은을 전혀 섭취하지 않도록 하는 것은 불가능하기 때문이다.

다만 이 기준은 일반 사람들이 반드시 이해하기 쉬운 것만은 아니기 때문에 서두에 소개한 것처럼 임산부를 위한 팸플릿이 별도로 만들어졌다(그림 6-6). 이 팸플릿에는 일본인이 평균적으로 먹는 생선 1인분인 약 80g(생선회 및 생선토막과 같은 양)을 1단위로 각각의 생선에 들어있는 수은량을 ●로 표시하고, 1주일 동안에 섭취하는 ●로 표시된 수은량이 1개를 넘지 않도록 주의를 당부하고 있다.

그러나 안타깝게도 이러한 홍보활동에도 불구하고 아직도 주간 허용섭취량 이상의 메틸수은을 섭취하고 있는 임산부가 적지 않게 관찰된다. 앞으로도 한층 더 활발한 홍보활동이 필요할 것이다.

그런데 이 주의사항의 대상은 임산부이며, 성인과 아이들은 대상에서 제외된다. 그 이유는 아이들도 성인과 동일한 메틸수은에 대한 배설 기능을 가지고 있으며, 뇌에 미치는 작용도 성인과 유사하기 때문이다. 게다가 외국의 선행연구에서 태아기의 노출은 중요하지만, 아이들 모발의 수은 농도와 아이들의 발달지표 사이에 관련이 없었던 것도 이유의 하나이다.

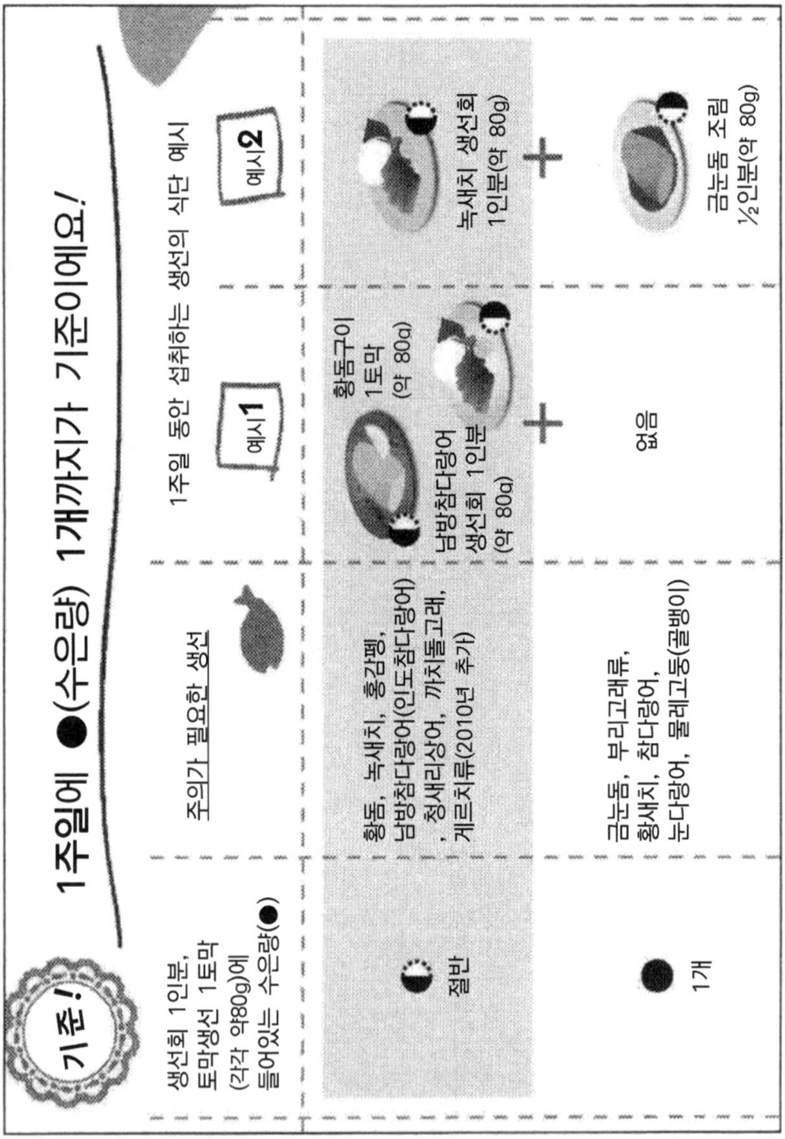

그림 6-6. 후생노동성이 임산부를 위해 작성한 「수은 과잉 섭취」에 주의를 당부하는 팸플릿에 기재된 1주일 식단의 예시 일부.

메틸수은 섭취를 줄이는 방법

지금까지 설명한 것처럼 메틸수은이 생태계에서 생물농축을 통해 어패류에 축적되는 것을 이미 알고 있으며, 사람에게 메틸수은의 주요 노출원은 어패류이며, 노출경로는 어패류의 섭취라는 것도 알 수 있다.

따라서 메틸수은에 노출되는 것을 간단하고 확실하게 회피하는 방법은 어패류 섭취를 자제하는 것이다. 실제로 모발의 수은 농도는 대체로 생선 섭취량과 비례하는 것으로 알려져 있다.

그렇지만 여기서 중요한 것은 어패류에는 메틸수은 이외에 다양한 영양소가 들어 있다는 것이다. 어패류는 양질의 단백질원이고, 미네랄과 오메가-3 지방산과 같은 불포화지방산[주5)]도 풍부하다. 특히 오메가-3 지방산의 하나인 DHA(docosahexaenoic acid)는 어패류 이외의 식재료에서는 섭취하기 어려운 영양소이다.

즉 어패류의 섭취량을 줄이면, 이 오메가-3 지방산의 섭취량도 줄어들게 된다. 이러한 의미로 어패류는 메틸수은과 같은 유해성분과 함께 귀중한 영양성분도 들어있는 위해성(risk)과 혜택(benefit)의 양면성을 함께 가진 식재료라 할 수 있다[※7].

매일 60g의 생선 섭취로 사망률 12% 감소

옛날부터 어패류를 많이 먹으면 건강에 좋다는 것은 잘 알려져 있으며, 최근의 연구에서도 재확인되었다. 2016년에 발표된 논문에 따르면, 이미 발표된 12개의 논문에서 사용된 합계 67만 명의 자료를 해석한 결과 어패류의 섭취량이 많은 만큼 총 사망률이 감소하여 장수하는 것으로 보고되었다[※8]. 구체적으로는 매일 60g의 생선을 먹으면, 생선을 먹지 않은 사람에 비해 사망률이 12% 낮아진다는 결과가 나타났다(그림 6-7).

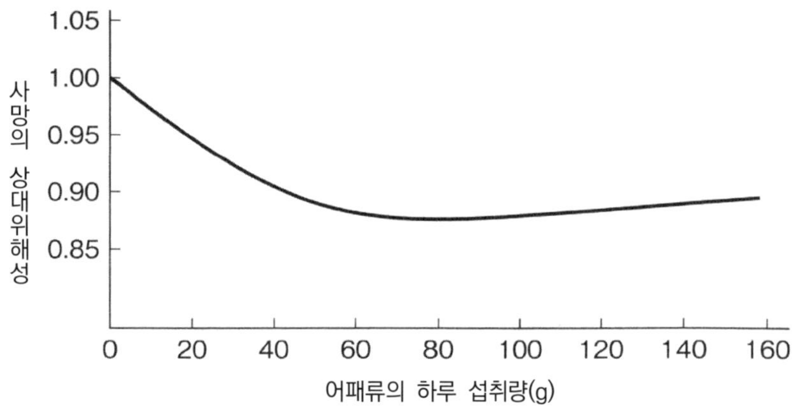

그림 6-7. 어패류의 섭취량과 사망의 상대 위해성.

2016년에 발표된 논문에서 어패류 섭취량과 사망의 상대 위해성을 계산한 결과, 매일 60g의 생선을 먹으면 먹지 않은 사람에 비해 사망률이 12% 낮아지지만 그 이상을 먹어도 상대 위해성은 낮아지지 않았다[※8].

다만, 어패류를 많이 먹으면 먹은 만큼 사망률이 계속 감소하는 것 같지는 않다. 어패류의 섭취량이 어느 수준에 도달하면, 그 이상 먹어도 효과는 한계점에 도달하는 현상도 보인다.

생선을 먹으면 DHA와 EPA(에이코사펜타엔산, eicosapentaenoic acid)의 역할에 의해 심근경색과 같은 위해성이 완화된다는 조사보고도 있다. 2006년에 발표된 또 다른 논문에서는 매주 1～2회 생선을 먹으면 총 사망률이 17% 낮아지고, 심극경색의 위해성은 36% 감소하기 때문에 매주 170g 정도의 생선 섭취를 권장하고 있다※9. 그 외에도 어패류 섭취는 유방암, 대장암과 폐암의 위해성을 낮추는 효과가 알려져 있다※10. 또한, 오메가-3 지방산의 영양학적인 장점으로 고혈압의 완화, 우울증상의 경감, 인지증 완화의 효과도 알려져 있다.

이와 같이 어패류의 섭취량을 줄이면 메틸수은의 섭취량을 낮출 수 있지만, 동시에 오메가-3 지방산의 섭취량도 감소하므로 오메가-3 지방산의 영양학적인 혜택도 줄어들게 된다. 따라서 성인의 경우는 메틸수은의 민감도가 그다지 높지 않고, 오히려 오메가-3 지방산의 영양학적인 장점이 더 크다고 생각되므로 적극적으로 어패류를 섭취하는 것이 좋다고 판단된다.

그러나 태아는 앞에서 설명한 것처럼 메틸수은에 민감도가 가장 높은 집단이다. 따라서 임산부의 어패류 섭취에는 특별한 주의가 필요하다.

한편, 오메가-3 지방산은 태아의 발달에도 도움을 주는 것으로 생각되며, 실제로 신생아의 뇌에는 높은 농도의 DHA가 들어있는 것으로 알려져 있다. 즉 임신 중에는 어패류를 적극적으로 섭취하는 것이 좋을 것으로 생각된다.

이러한 모순을 해결하는 방법으로는 메틸수은이 많은 특정 어패류의 섭취는 자제하고, 미량의 메틸수은이 들어있는 어패류를 적극적으로 섭취하는 방법이 유효할 것이다.

앞에서 소개한 것처럼 후생노동성에서 공표한 임신 중 섭취를 자제해야 할 어패류에 관한 주의사항을 잘 준수하면, 태아에 미치는 영향이 우려될 만큼 메틸수은에 노출되는 일은 없을 것이다. 위에서 설명한 위해성 관리의 선택지에서 「위해성 저감」의 방법에 해당한다.

일본인은 오래 전부터 생선을 먹는 식습관을 가지고 있으며, 일식은 일본인의 전통 음식문화로 유네스코의 인류무형문화유산에도 등록되어 있다. 일본의 국토는 남북으로 길고, 바다와 산으로 둘러싸여 다양한 식재료를 활용할 수 있기 때문에 음식에 동물성 지방이 적은 것이 특징이며, 이것이 일본인의 장수와 비만을 방지하는 역할을 하는 것으로 생각된다.

메틸수은의 유해성을 둘러싼 논쟁에서는 어패류 섭취의 시시비비가 항상 쟁점이 된다. 그러나 일본인의 어패류 섭취량 변화 실태(그림 6-8)는 이미 장기간에 걸쳐 일관되게 감소하고 있다.

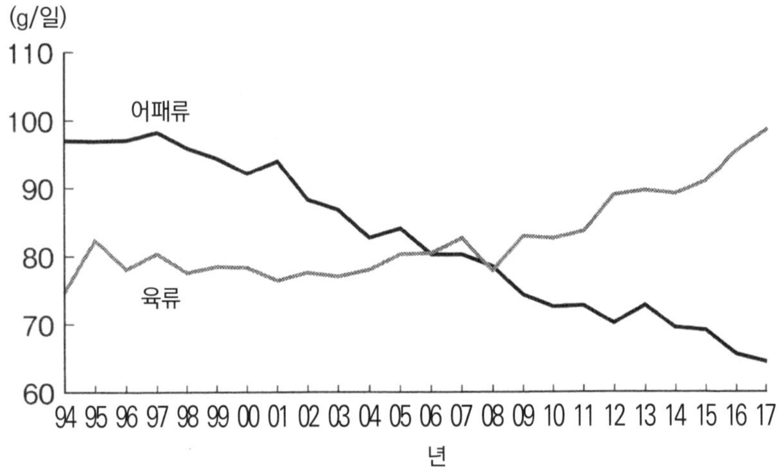

그림 6-8. 한 사람이 하루에 섭취하는 어패류와 육류의 섭취량 변화.

어패류 섭취량이 감소하는 한편, 육류의 섭취량은 증가하고 있다.
출처 : 후생노동성厚生勞動省 「국민영양조사」(2002년까지) 및 「국민건강·영양조사」 (2003년 이후)

그리고 어패류의 섭취가 줄어드는 한편으로, 육류의 섭취량은 증가하고 있다. 이렇게 어패류 대신 육류를 섭취할 경우 동물성지방의 과다섭취가 우려된다. 어패류 섭취의 시시비비뿐만 아니라 어패류를 현명하게 이용하면서 건강한 식생활을 어떻게 확보할 것인지에 대한 폭넓은 시야를 가지는 것이 중요할 것이다.

(나카이 쿠니히코仲井邦彦 토호쿠東北대학 대학원 의학계연구과 교수)

주1) 미나마타병은 반드시 생태계의 상위자뿐만 아니라 해변에 서식하는 패류를 많이 먹은 사람에게서도 발생했기 때문에 당시(1960년대) 미나마타 주변의 바다는 생물농축 수준(level)이 그다지 높지 않은 어패류의 섭취로도 미나마타병이 발병할 정도로 오염 수준(level)이 심각했다고 추측된다.

주2) 중회귀분석重回歸分析의 편회귀계수偏回歸係數는 -188g이었다. 수은 농도는 대수정규분포를 나타내기 때문에 해석에서는 대수로 변환되어 있다. 제대혈의 수은 농도가 편회귀계수의 10배가 되면, 체중이 188g 감소하는 관계를 나타내고 있다.

주3) 토호쿠東北 코호트 조사에서는 외국의 역학조사에서도 빈번하게 사용되고 있는 Bayley Scales of Infant Development(BSID-II)라는 발달검사를 한 결과, 운동발달지표(psychomotor development index, PDI)에서 제대혈의 총수은 농도와 음(-)의 관련성이 관찰되었다. PDI의 결과는 통계학적으로 의미가 있긴 하지만, 영향의 크기는 중회귀분석의 편회귀계수가 -4.8이었다(수은 농도는 대수로 변환되어 있음). 이것은 제대혈의 수은 농도가 10배가 되면, PDI는 5가 감소하게 된다. 발달지수는 평균 100, 표준편차(SD) 15인 정규분포를 나타낸다. 평균값으로 100인 검사에서 5가 변화하므로 이번에 관찰된 영향은 비교적 경미하다고 할 수 있다.

주4) 메틸수은의 화학물질 노출 영향을 결정할 때 무작용 농도는 페로제도(Faeroe Island)의 연구(모친 모발의 수은값 10㎍/g) 및 세이셸(Seychelles) 공화국의 연구(모친 모발의 수은값 12㎍/g)의 평균값 11㎍/g이 채택되었다. 게다가 모발 수은 농도에 해당하는 모친 혈액의 수은 농도를 추정하고, 모친의 경구섭취량을 단일격리모델(one compartment mode)에 적용하여 계산한 다음 안전성을 더욱 높이기 위해 불확실계수가 적용되어 최종적으로 정해진 주간섭취허용량은 수은 2.0㎍/kg체중/주이다.

주5) 지방산은 조성의 차이로 포화지방산과 불포화지방산으로 분류된다. 불포화지방산은 다시 1가 불포화지방산(올레인산(oleic acid) 등)과 다가 불포화지방산으로 분류되고, 다가 불포화지방산은 다시 아라키돈산(arachidonic acid)과 같은 오메가-6 지방산과 DHA와 EPA와 같은 오메가-3 지방산으로 나누어진다. 오메가-6 지방산인 아라키돈산은 필수지방산이지만, 너무 많이 섭취하면 염증성 반응이 과하게 진행되므로 오메가-6 지방산의 섭취량을 자제하고, 오메가-3 지방산의 섭취량을 늘리는 것을 권장하고 있다. 오메가-3 지방산은 참치, 방어, 고등어, 정어리와 같은 등푸른 생선에 많으며, 이러한 생선을 많이 먹은 사람의 혈액에 DHA와 EPA가 높은 것으로 알려져 있다.

제 7 장

화학물질에 의한 면역 시스템 이상

면역교란과 알러지 질환

낮은 농도의 화학물질 노출에 의한 건강 영향 우려

과거의 중대한 환경오염 기인 질병과 환경오염에 대한 반성을 바탕으로 일본에서는 다양한 법적 규제와 검사체제가 정비되어 왔다. 예를 들어 화학물질의 심사 및 제조 등의 규제에 관한 법률(화심법이라고도 함)과 화학물질배출파악관리촉진법(화관법 : PRTR (pollutant release and transfer register)법이라고도 함)에서 화학물질의 안전성심사와 배출량의 파악, 관리가 이루어지고 있다.

또한, 대기와 물의 환경기준 그리고 공장과 사업소로부터의 배출기준이 마련되었으며, 이와 함께 수많은 화학물질 분석법이 정비되어 환경과 식품에서 이러한 화학물질의 농도에 대한 조사가 이루어지고 있다.

이러한 노력으로 일본의 유해화학물질 오염 상황은 전반적으로 크게 개선되어 왔다. 아직 낮은 수준의 오염은 남아 있지만, 높은 농도의 화학물질에 노출되어 건강에 심각한 피해를 미치는 사례는 현저하게 감소하고 있다.

그렇지만, 현대사회에 살고 있는 우리는 매일 수많은 종류의 화학물질에 노출되고 있다. 낮은 수준의 화학물질 오염이라면, 정말 안전한 것일까?

생체항상성의 교란과 알러지 질환의 증가

최근 낮은 농도의 환경오염물질이 건강에 미치는 영향에 대한 우려가 화제로 떠오르고 있다. 이것의 특징은 ① 낮은 농도에서 생체 항상성恒常性의 교란 작용이 있는 것, ② 기존의 급성·아급성 독성과 같은 일반 독성시험법으로는 검출과 평가가 곤란한 것, ③ 개인별 민감도의 차이에 따라 건강에 미치는 영향의 정도가 현저하게 다른 것, ④ 복합 영향이 있는 것 등을 들 수 있다. 사망에 직결되는 것은 아니지만, 건강을 악화시켜 생활의 질(Quality of Life : QOL)을 떨어뜨릴 가능성이 있는 이러한 물질을 「건강유해물질健康有害物質」이라고 한다.

①의 「생체 항상성」은 호메오스타시스(homeostasis)라고도 하며, 주위의 환경 변화에 상관없이 생체내의 상태를 일정하게 유지하는 기능을 말한다(그림 7-1). 사람의 몸속에는 신경계, 내분비계, 면역계와 같은 3종류의 고차원적인 기능이 서로 연계하여 생체 항상성을 유지하는 시스템이 마련되어 있어 그것들의 작용으로 몸속 환경을 안정한 상태로 유지하고 있다.

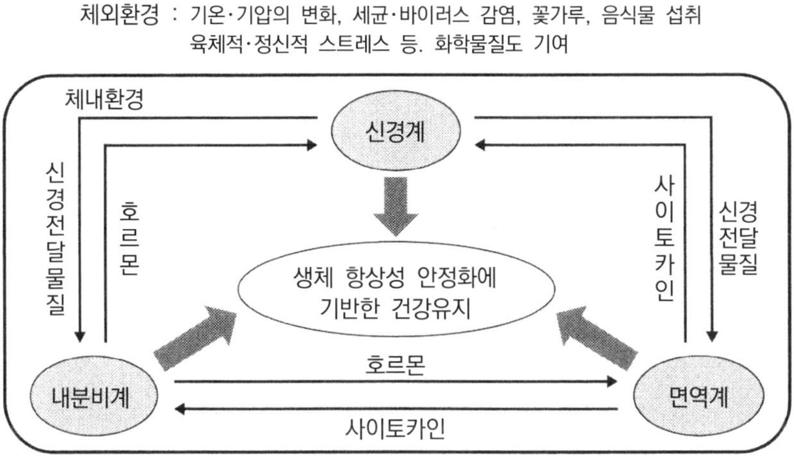

그림 7-1. 사람의 건강과 생체 항상성을 유지하는 신경계, 내분비계, 면역계.

신경세포에서는 신경전달물질, 내분비계 세포에서는 호르몬, 면역세포에서는 사이토카인(cytokine)이라는 일련의 단백질이 분비되어 각각 상호 조절하면서 생체의 항상성을 유지하고 있다.

일단, 신경전달물질과 호르몬, 사이토카인의 분비에 이상이 일어나면 안정 상태가 무너져서 다양한 증상이 나타난다. 신경전달물질인 도파민(dopamine)의 부족으로 생기는 파킨슨병(Parkinson's disease), 갑상선 호르몬의 과잉분비로 생기는 바세도우(Basedow)병, 사이토카인의 과잉분비로 생기는 자기면역질환과 같이 현대인을 괴롭히는 많은 질환은 생리활성물질의 분비에 이상이 생긴 결과로 생체 항상성이 무너졌기 때문에 생기는 질환이다.

그리고, 최근의 연구에서 극히 낮은 용량의 화학물질이라도 생체 항상성에 교란 작용을 하는 것이 밝혀졌다. 특히 사람들이 신경

쓰고 있는 것은 알러지 질환의 증가이다.

그림 7-2는 일본의 알러지 질환 추정 환자 수(의료시설 진료자수)의 연도별 변화를 나타낸 것이다※1. 2014년의 천식, 알러지성 비염(꽃가루 알러지도 포함)과 아토피성 피부염 환자 수는 1996년에 비해 명확하게 증가하였다.

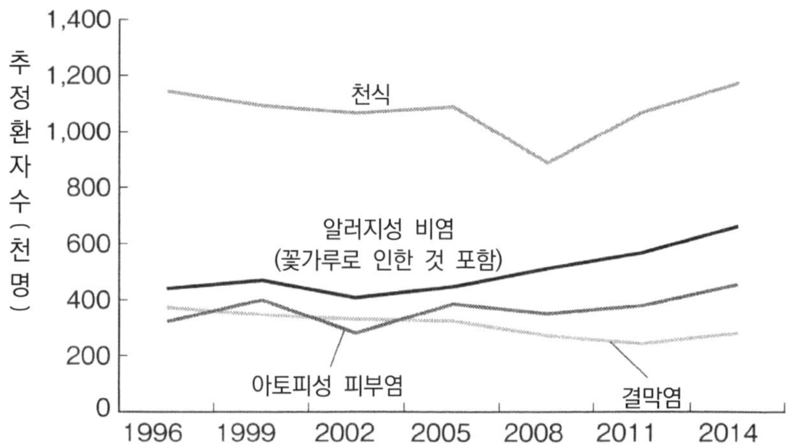

주1) 조사시기 : 10월 중순에 3일 동안 의료시설에서 정해진 날에 실시(정점조사).
주2) 추정 환자수 : 조사된 환자의 조사시점, 계속 치료를 받고 있는 사람(조사 일에는 의료시설을 방문하지 않은 사람도 포함)의 수를 계산식으로 추정한 것.
주3) 결막염 : 비알러지성 결막염 환자를 포함.

그림 7-2. 알러지 질환 추정 환자수의 연간변화.

출처 : 후생노동성 건강국 암·질병대책 제1회 알러지 질환 대책추진협의회(2016년 2월 3일) 「알러지 질환의 현상 등(자료 2)」에서 발췌

세계적으로도 선진국과 도시지역을 중심으로 알러지 질환의 환자 수는 증가하고 있으며, 사람들의 건강과 사회경제에 현저한 손실을 초래하고 있다. 예를 들어 영유아기에 발병한 아토피성 피부

염이 완치되지 않은 채 성인이 되면, 다시 알러지성 피부염과 기관지 천식을 유발하는 것으로 알려져 있다. 이러한 질환은 일단 발병하면 좀처럼 완치되지 않으며, 환자가 받는 정신적, 육체적 고통과 경제적 부담은 헤아릴 수 없다.

알러지 질환의 연령별 환자 구성 비율을 비교※1해 보면, 0~19세까지의 어린 세대가 많은 것을 알 수 있다(그림 7-3). 이 세대는 1995년 이후 환경오염이 비약적으로 개선된 시대에 출생하여 성장한 세대에 해당된다. 그럼에도 불구하고 왜 환자수가 늘고 있는 것일까?

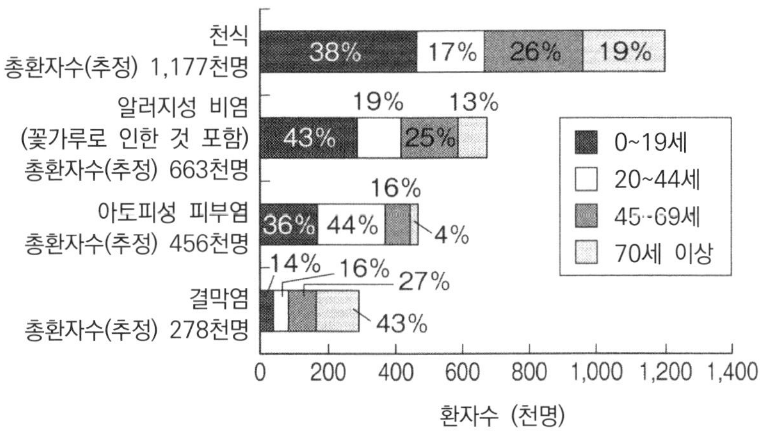

그림 7-3. 알러지 질환의 연령별 환자 구성 비율 비교(2014년 조사).

출처 : 후생노동성 건강국 암·질병대책 제1회 알러지 질환 대책추진협의회(2016년 2월 3일) 「알러지 질환의 현상 등(자료 2)」에서 발췌

최근 일본에서 알러지 질환 환자의 증가 요인으로서 「유전적 요인의 변이설(유전요인)」과 「의식주와 같은 라이프 스타일의 변화설

(환경요인)」이 제기되고 있다※2. 유전자변이는 보통 세대를 거쳐 가면서 일어나기 때문에 20년도 안되는 알러지 환자수의 증가 현상을 「유전적 요인의 변이설」만으로 설명하는 것은 곤란하다. 그 이유는 알러지 질환 환자의 유전자에 큰 변이가 확인되지 않았기 때문이다. 그리고 단일유전자변이(Single Nucleotide Polymorphism : SNP)라고 하는 극히 미세한 유전자의 변이도 많은 사람들의 공통된 부위部位에 단기간에 변이를 일으키는 것은 확률적으로도 생각하기 어렵기 때문이다. 따라서 알러지 질환 환자의 증가 요인의 하나로 일본인의 라이프 스타일 변화에 따라 종래에 없었던 형태의 화학물질에 노출된 것이 알러지의 발병, 증가 및 악화의 기폭제가 되는 것으로 생각된다.

실제로 화학물질과 알러지의 관계는 다양하게 확인된다. 예를 들어 미리 진드기알레르겐(mite allergen)을 접종한 생쥐(mouse)에 플라스틱 제품에 들어있는 가소제인 프탈산디에틸헥실을 투여하면, 아토피성 피부염이 증가하고 악화되는 것이 알려져 있다※3. 또한 새집증후군(Sick House Syndrome)이 있는 사람의 경우 포름알데히드와 같은 화학물질에 의해 피부와 점막의 알러지 증상이 악화되거나 두통과 권태감 같은 다양한 증상을 일으키는 것도 보고되었다※4.

방어벽(barrier)을 통과한 화학물질로 인한 면역계 교란

건강 유해물질에 의한 생체 항상성 교란 작용에 대한 연구는 전세계의 연구자들이 매달려 있으며, 그 성과를 설명하려면 꽤 두꺼운 전문서적이 필요하다. 이 장에서는 작은 양의 환경오염물질이 면역교란(알러지 발병, 증가, 악화 작용)에 미치는 영향에 집중하여 최근의 연구 성과를 설명하겠다.

우선 면역계의 교란 기작에 대해 간단히 설명하겠다. 우리 몸에는 외부로부터 세균, 바이러스, 꽃가루, 진드기, 음식물 알러지(음식물에 들어있는 과잉 알러지 반응을 일으키는 물질)와 같은 이물질이 들어왔을 때 이물질을 공격하는 「면역」이라는 시스템이 마련되어 있다. 면역에는 크게 면역세포가 세균과 암세포 등을 직접 공격하여 제거하는 「세포성 면역」과 이물질에 특이적으로 강하게 결합하는 항체를 만들어 배제하는 「체액성 면역」과 같이 2가지의 형태로 나눌 수 있다. 그리고 각각 T세포와 B세포라는 서로 다른 종류의 림프구가 관여한다.※5

그러나 어떠한 원인으로 이 면역계가 교란되면 몸에 해를 끼치지 않는 물질도 「유해한 물질」로 판단하고 과잉으로 반응하여 공격해버리기 때문에 오히려 몸에 유해한 반응을 일으키는 것이 있다.

즉 원래는 몸을 지키는 면역 반응이 재채기, 두드러기, 결막염, 천식 외에도 심한 경우에는 아나필락시스(anaphylaxis)와 같이 자기 자신에게 해를 끼치는 알러지 증상으로 바뀌는 것이다.

일단 면역계가 교란되면 몸속에서 염증 반응이 연쇄적으로 퍼져나가기 때문에 증상이 좀처럼 완화되지 않는다. 이러한 상태가 되지 않도록 사람의 면역계에는 면역의 폭주를 제어하는 다양한 시스템이 있다.

면역계의 교란을 방지하는데 중요한 것은 과잉의 면역 반응 원인이 되는 물질을 몸속에 들이지 않는 것이다. 우리의 몸을 구성하고 있는 세포에서 외부의 공기나 물과 직접 접촉하고 있는 것은 피부와 소화관의 세포이다. 나머지 세포는 외부와 차단되어 세포외액外液이라는 액체 속에서 활동하고 있다. 몸 밖의 환경을 「체외 환경」이라고 부르는 것에 대해 세포 외액은 몸을 구성하는 대부분 세포의 생활환경이 되기 때문에 「체내 환경」이라고 한다.

생체 항상성 시스템의 역할로 체내환경은 항상 일정한 상태를 유지하고 있다. 예를 들어 체온, 혈압, 혈당치는 일정한 범위 내에서 유지되고 있으며, 기도의 점막은 일정한 점도를 가진 점액으로 젖어 있고, 위속은 위산의 분비로 일정한 pH를 유지하고 있다.

생체 항상성의 유지에 중요한 역할을 담당하는 것이 소화관이다. 의외라고 생각할지도 모르겠지만, 소화관은 사람의 최대 면역 장기이다. 실제로 몸속 면역계 세포의 60%가 소화관에 존재한다. 이 소화관과 장내 세균들(장내의 미생물집단)의 복잡한 상호작용이 장내 면역 시스템의 구축에 중요한 역할을 담당하고 있으며, 최근 메타게놈(metagenome) 해석 기술의 발전으로 장내 세균들을 개선하는 것이 사람의 건강 유지에 매우 중요한 것도 알려졌다.

소화관은 체내에 있지만, 소화관 점막은 입과 항문을 통해 외부와도 접촉하고 있다. 즉 항상 외부 공기와 접촉하고 있는 피부와 마찬가지로 소화관내에서도 세균이나 바이러스 외에 다양한 화학물질에 항상 접촉하고 있다. 이 때문에 피부와 소화관 점막은 생체의 내·외부 환경의 경계 역할을 담당하며, 외부의 기온변화나 유해화학물질의 물리·화학적 침입 외에 세균, 바이러스, 꽃가루와 같은 생물학적 침입으로부터 생체를 보호하기 위한 방어벽을 구축하고 있다.

COLUMN

알러지란 무엇일까?

알러지에는 Ⅰ형부터 Ⅳ형까지 4가지 형태가 있다. 평소 우리가 빈번하게 사용하는 알러지라는 용어는 Ⅰ형 알러지를 말한다. 이것은 항원이 체내에 들어간 직후 수 시간 이내의 짧은 시간에 증상이 나타나는 알러지 반응으로 즉시형 알러지라고도 한다.

이러한 항원에 대항하여 생체 내에서 싸우는 것이 항체이며, 인체 내에서는 크게 IgM, IgD, IgG, IgA, IgE와 같은 5종류의 항체가 작용하고 있다. 대표적인 알러지 질환인 꽃가루 알러지, 아토피성 피부염, 알러지성 비염, 기관지천식, 음식물 알러지도 즉시형 알러지로 분류되며, 주로 IgE항체가 관여하여 증상을 일으킨다.

Ⅰ형 알러지에 의한 면역계 교란 기작을 간단히 설명하겠다. 우선 ① 알레르겐이 점막에 부착하여 생체내에 침입하면 IgE항체가 만들어지고, ② 피부와 점막에 널리 분포하는 비만세포(mast cell)의 IgE 수용체와 결합하여 항체의 정보가 기억된다. 그 후 다시 같은 알레르겐이 점막에 부착·침입하면, ③ IgE항체와 결합한 상태로 기다리고 있던 비만세포와 알레르겐이 만나서 세포가 활성화되어, ④ 히스타민과 같은 생리활성물질을 방출하여 주위에 염증을 일으킨다. 그 결과 꽃가루 알러지의 경우에는 콧물, 코막힘, 재채기와 같은 과잉반응 증상이 일어난다.

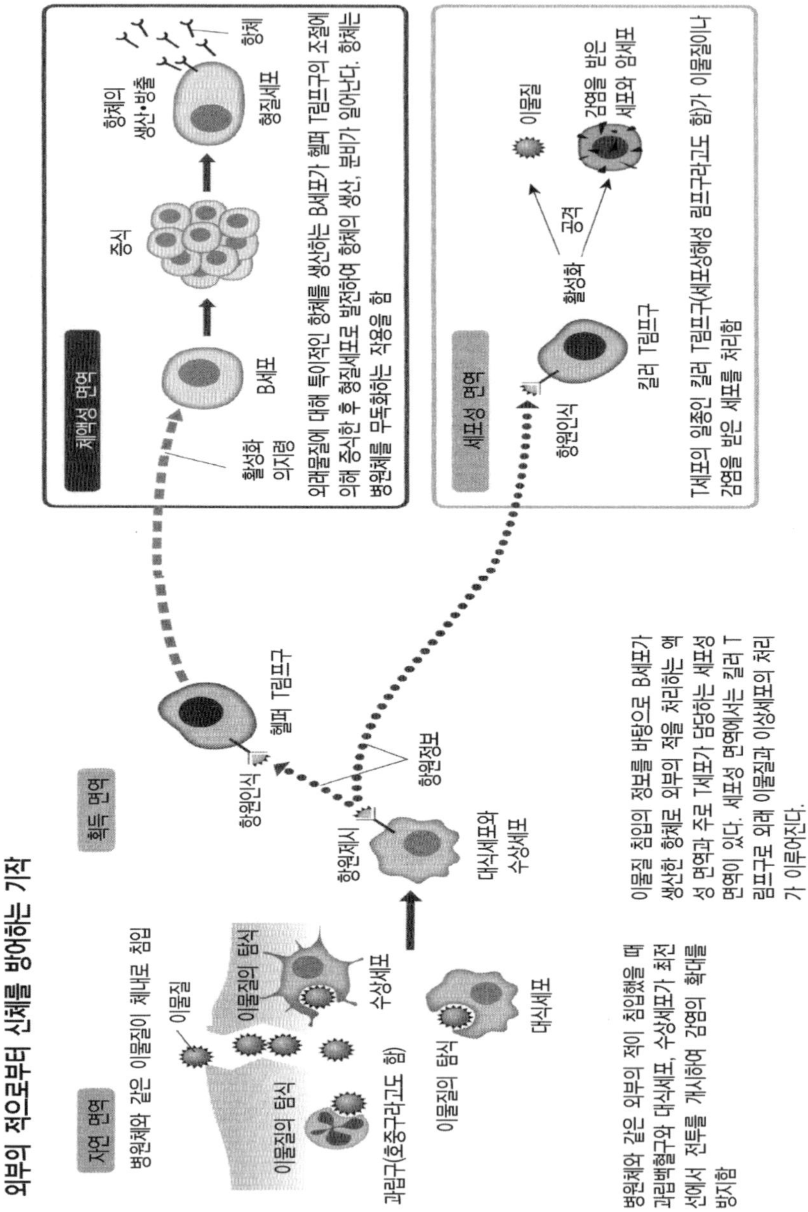

그림 7-4. 면역에서 신체를 방어하는 기작.

출처 : Blue Box 「새로운 인체의 교과서 하편」에서 발췌

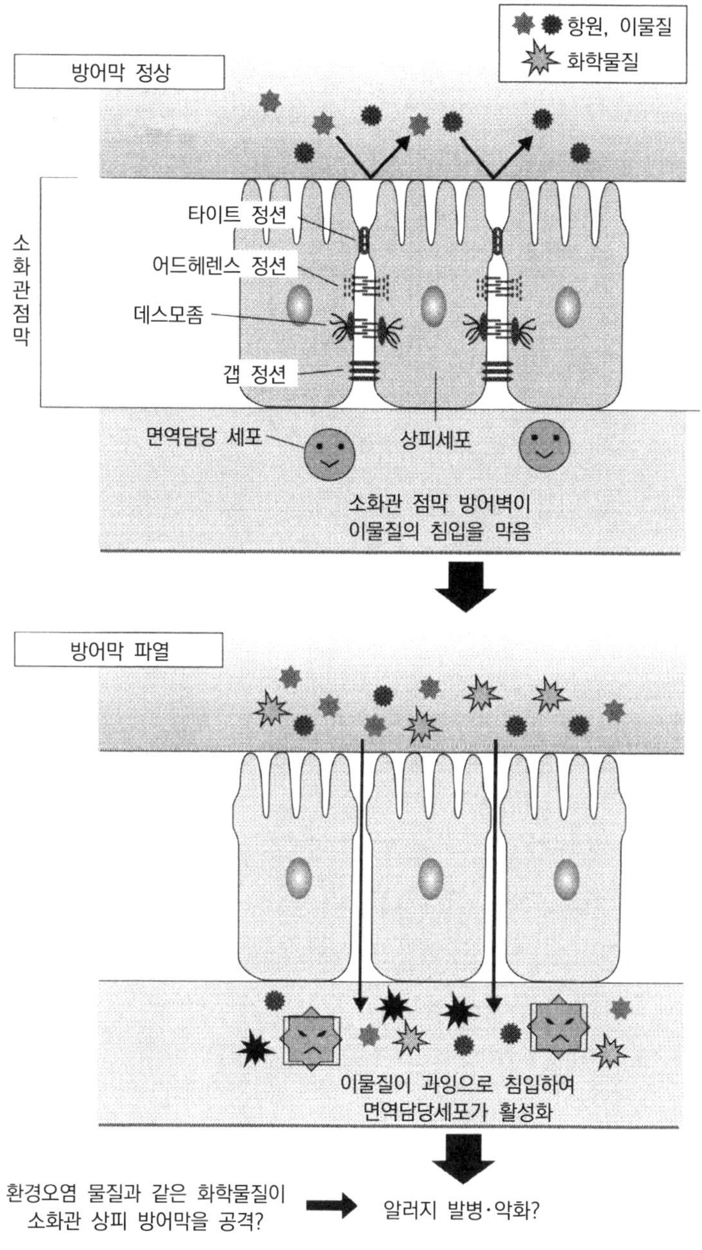

그림 7-5. 사람의 소화관 상피벽에 의한 생체방어기구.

그림 7-5는 소화관과 같은 상피세포의 점막 방어벽의 생체방어 기구를 나타낸 것이다. 점막 방어벽의 생체방어 시스템을 담당하고 있는 것이 그림에 나타낸 타이트정션(tight junction)과 같은 4종류의 단백질이다. 서로 이웃하는 상피세포의 측면에는 세포들 사이를 연결하는 이러한 단백질이 존재하여 세포 사이의 간격을 줄여 알레르겐과 같은 생체 이물질의 투과를 제어하고 있다.

그러나 이들 세포 사이의 접착이 어떠한 원인으로 느슨해지면, 과잉의 알레르겐 투과와 침입을 허용하게 된다. 그 결과 점막 조직 내에 살고 있는 면역담당세포가 한층 더 활성화되어 알러지 질환의 유발, 증가 및 악화 작용을 일으킬 가능성이 높아진다. 그리고 이렇게 세포 사이의 접착을 약화시키는 원인으로 최근 주목받고 있는 것이 환경오염물질이다.

소화관을 모방한 면역교란 간이검출법의 개발

일본 세츠난攝南대학의 연구그룹은 일부 환경오염물질이 알러지 질환을 유발하고 증가와 악화 작용을 할 것이라는 가설을 세우고 알러지를 일으키는 화학물질을 간편하고 신속하게 선별(screening)할 수 있는 검출법 개발에 착수하였다.

그림 7-6을 사용하여 검출법의 개요를 설명하겠다. 우선 2개의 층으로 겹쳐 세포를 배양할 수 있는 특수한 구조의 배양판(Transwell plate 24 hole)을 이용하여 상층부에는 사람의 소화관 유래의 상피세포, 하층부에는 항원항체반응에 관여하는 T세포를 배양한다.

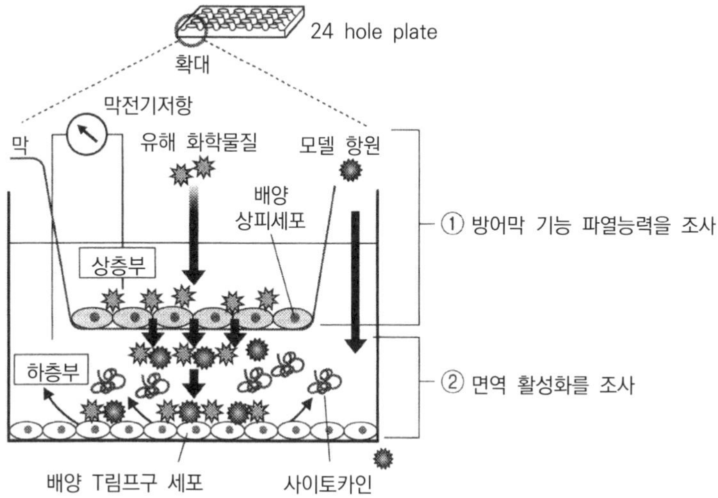

① 상피세포의 상부부분에 유해화학물질을 투여한 후에 막전기저항을 조사한다. 타이트정션과 같은 세포결합 단백질이 파열되면 화학물질이 하층으로 침입하고, 막전기저항이 떨어진다.
② 막전기저항이 떨어진(세포결합 단백질이 느슨한) 상태에서 모델이 되는 항원을 투여하고, 면역기능이 부활(활성화)하면 사이토카인의 분비가 늘어난다.

그림 7-6. 알러지 질환의 발병, 증가, 악화 작용을 가진 건강유해물질의 간이형 검출법.

그리고 건강에 유해한 영향을 끼칠 가능성이 있는 화학물질을 상층에 첨가하여 어떤 변화가 일어나는지를 관찰한다. 상층부의 상피세포는 앞서 언급한 타이트정션에 의해 세균, 바이러스, 꽃가루와 같은 알레르겐(항원)의 침입을 막고 있다. 첨가한 화학물질이 이 세포사이 접합부(junction)의 결합을 약화시킨다면, 그 흔적이 나타날 것이다. 연구그룹은 배양판에 미세한 (+)와 (−) 전극단자를 연결하여 상피세포에 미약한 전류를 흘렸을 때 측정되는 막전기저항값의 변화에 주목하였다.

만약 첨가한 화학물질이 점막 방어벽을 파열할 수 있는 능력이 있다면 세포 사이에 틈이 생기고, 그 틈을 통하여 전자가 이동하기 쉬워지기 때문에 막전기 저항값이 낮아진다. 또한 이와 동시에 이 세포의 틈을 통해 화학물질이 하층으로 빠져나간다. 즉 막전기저항을 측정하면 화학물질의 방어벽 기능의 파열 여부를 알 수 있다.

이어서 타이트정션의 결합이 느슨한 경우 체내에 침입한 알레르겐에 의해 실제로 면역반응의 활성화가 일어나는지의 여부를 검증한다. 단서는 T세포에서 분비되는 사이토카인의 양이다(엄밀하게는 사이토카인을 코딩하는 유전자의 mRNA 양). T세포가 항원항체반응을 일으킬 때 사이토카인이 분비되는 것을 알고 있기 때문에 사이토카인의 양을 조사하면 면역반응의 활성화 여부를 판단할 수 있다.

이 실험에서는 시험 시스템의 상층에 화학물질을 첨가한 후 48시간이 지나 저항값이 낮아진 배양판 홀의 하층에 있는 배지에 모델항원을 첨가한다. 그리고 2시간 후에 T세포가 분비하는 사이토카인의 양을 측정했다. 이와 같이 ① 방어벽기능 파열 능력, ② 면역기능 부활(활성화되는 것) 능력을 동시에 평가하여 과도한 알러지 반응을 일으키는 유해화학물질의 범위를 축소할 수 있게 되었다.

면역교란물질의 작용기구 탐색

그림 7-7에 연구그룹이 개발한 면역교란 간이검출법을 이용하여 실험한 결과를 나타내었다[※6]. 이 실험에서는 독성을 나타내지 않을 정도로 낮은 농도의 환경오염물질을 직접 상피세포에 투여하여 각각의 방어벽(barrier) 파열 능력을 조사하였다. 화학물질에 의해 막전기저항값이 30% 이상 낮아진 경우 「파열 능력이 있다」라고

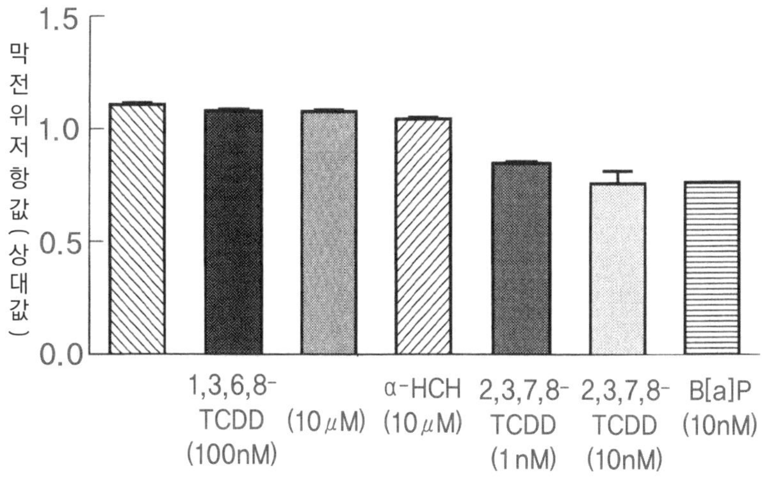

그림 7-7. 막전기 저항값으로부터 방어벽 파열 능력의 평가 사례.

판정하였다.

평가한 6종류의 화학물질 중 사염소화다이옥신류인 2,3,7,8-TCDD와 디환방향족탄화수소화합물인 벤소[a]피렌과 같이 2종의 화학물질에서 방어벽 파열 능력이 확인되었다. 2,3,7,8-TCDD는 식품과 대기에 들어있는 각종 다이옥신류 중 가장 독성이 높은 물질이며, 벤조[a]피렌은 석유에 들어있으며, 물질이 연소될 때 생기는 발암물질이다. 두 물질 모두 우리가 일상에서 노출될 위험이 있는 물질이다.

한편, 사염소화다이옥신류에서도 염소가 붙어있는 위치가 다른 1,3,6,8-TCDD와 벤조[a]피렌과 유사한 화학구조를 가진 다환방향족탄화수소인 피렌은 어떻게 된 일인지 방어벽 파열 능력이 없었다. 유사한 화학구조인데도 왜 방어벽 파열 능력이 서로 다를까?

연구그룹은 방어벽 파열 능력을 나타낸 화학물질의 특징을 추가로 상세하게 살펴본 결과, 이들 화합물에는 CYP1A로 불리는 해독효소를 유도하여 활성화시킨다는 공통점이 있었다.

간에 있는 해독효소는 시토크롬 P450으로도 불리며, CYP1A 이외에도 많은 분자종(molecular entity)이 있다. 이들 효소는 생체 내에서 약물이나 독성물질과 같은 체외 이물질을 분해 또는 체외로 배출하기 위한 대사작용을 한다. 또한 이 효소는 간 이외에도 신장, 폐, 소화관에 널리 분포하고 있다. 해독효소는 화학물질에 대한 생물의 민감도를 좌우하는 중요한 물질이다. 시토크롬의 유도는 제8장에 보다 상세하게 설명되어 있으므로 살펴보기 바란다.

그림 7-8은 그림 7-7과 같은 실험조건에서 이루어진 상층 상피세포의 해독효소 CYP1A 활성을 비교한 것이다[※6]. 예측한 대로 방어벽 파열 능력이 있는 2,3,7,8-TCDD와 벤조[a]피렌을 첨가한 세포에서 CYP1A 활성이 현저하게 높아졌다.

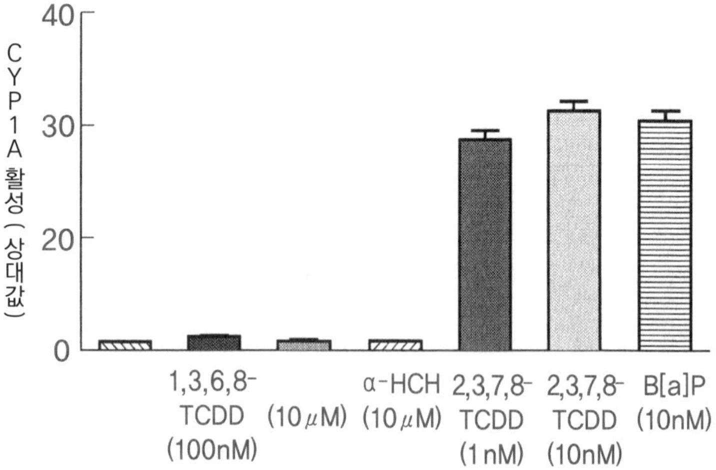

그림 7-8. 간의 약물대사효소인 CYP1A 활성화 능력의 평가 결과.

해독효소 활성과 방어벽 파열 능력에 대한 상세한 관련성은 현 시점에서 아직 명확하지는 않지만, 별도로 이루어진 검토에서 CYP1A 활성이 높아져 세포 사이를 접착시키는 타이트 정션 단백질의 재생과 회복이 지연되어 이로 인해 방어벽 파열을 초래한 것으로 추측하고 있다.

식중독의 원인이 되는 클로스트리듐 웰치(Clostridium welchii)균의 독소에서도 유사한 방어벽 파열작용이 보고되었지만[※7], 그 독소를 배지에서 제거하면 세포의 방어벽이 급속하게 회복되어 24시간 후에는 저항값이 완전히 회복되었다.

한편, 2,3,7,8-TCDD는 배지를 교체하여 2,3,7,8-TCDD를 완전히 제거하더라도 48시간 후의 저항값은 전혀 개선되지 않았다[※6]. 따라서 일단 CYP1A 활성이 높아지면, 교란의 계기를 만든 2,3,7,8-TCDD를 제거하더라도 사람의 소화관 유래 세포에서는 단백질 합성의 교란이 진정되지 않을 가능성이 있다.

유해화학물질에 의한 모유의 면역관용14) 파열

지금까지 낮은 농도의 환경화학물질이 건강에 미치는 영향을 생체 항상성의 교란에서 파악하는 실험 시스템의 개발과 최신의 결과까지를 소개하였다. 최근 성인에게서는 특별한 영향이 없는 수준의 화학물질 노출에도 태아와 유아에게는 중대한 영향을 미칠 가능성이 있다는 연구결과가 국내외에서 계속 보고되고 있다.

14) 면역관용(Immune tolerance) : 면역세포나 항체가 숙주 즉 자신을 공격하는 것을 막는 여러 단계의 보호 기작을 말한다(출처 : 분자·세포생물학백과).

태아와 유아는 화학물질에 대한 민감도가 특히 높고, 발달과정에서 받은 영향은 일생동안 남을 우려도 있기 때문에 비록 낮은 농도일지라도 화학물질의 영향은 특히 주시해야 할 대상이라는 소리가 높아지고 있다.

예를 들어 현재 환경과 생체 내에서 농도가 감소하고 있는 다이옥신류에 대해 살펴보자. 식품의 다이옥신을 측정한 결과, 일본의 성인이 다이옥신에 노출되는 양은 1999년부터 2009년까지 10년 동안 1/3까지 감소하여 WHO가 권장하는 TDI(사람이 일생동안 매일 지속적으로 섭취하더라도 건강에 유해하지 않을 것으로 생각되는 기준)의 1/5 정도로 낮아졌다. 2010년에는 일본의 모유 중 다이옥신 평균 농도도 1973년에 비해 1/6까지 낮아졌지만, 한편으로 모유를 먹는 유아의 일일노출량을 계산하면 TDI의 약 15배가 된다[※8].

모유에는 엄마의 항체가 들어있기 때문에 면역계의 발달이 미숙한 유아가 모유를 통해 감염으로부터 보호받는 등 여러 가지 중요한 역할을 담당하고 있다. 출생 당시의 유아는 엄마의 태반을 통해 들어온 IgG항체(가장 강력한 항체) 외에 모유 유래의 IgA, IgM 및 IgG 항체에 의해 세균, 바이러스와 독소 등으로부터 보호받고 있다.

그러나 태아기에서 유아기까지는 면역기능이 미성숙하기 때문에 태반을 통해 들어온 모친 유래의 IgG항체는 출생 후에는 더 이상 늘지 않고 감소만 한다. 이 때문에 유아 체내에서 항체의 양은 출생 후 계속 감소하고, 생후 6개월 정도 지나면 유아 자신의 면역계가 발달하여 다시 서서히 증가한다(그림 7-9). 따라서 모유를 경유하여 섭취할 수 있는 항체는 유아에게 매우 중요한 것이다.

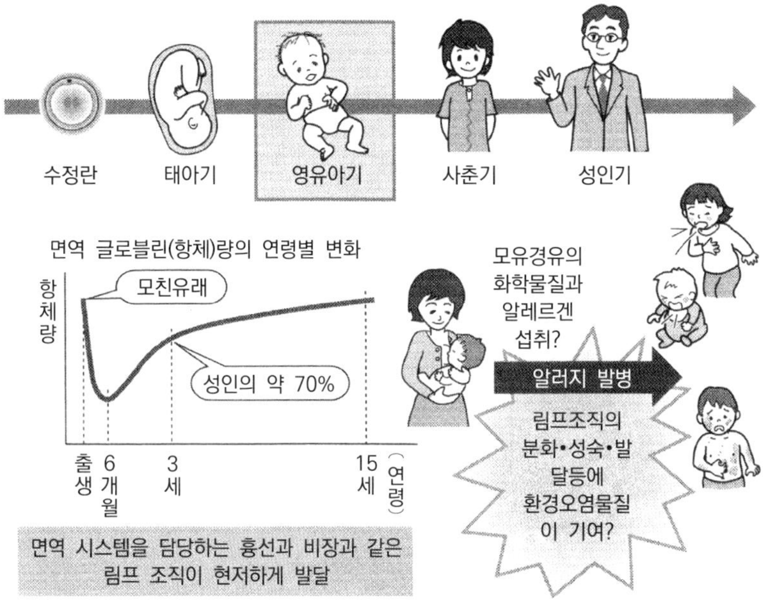

그림 7-9. 면역기능의 발달시기와 환경요인의 관계.

그렇지만 인생의 긴 시간 속에서 매우 짧은 기간이라 하더라도, 민감도가 높은 유아기에 TDI를 넘는 다이옥신을 섭취해도 문제가 없을까? 유아기 이후의 아이들의 건강에 어떠한 영향이 미칠지 우려된다.

최근 「수정 후 2주까지의 시기(germinal period)부터 태생기를 거쳐 유아기까지의 분화와 발육 시기에서의 여러 가지 환경인자가 성인기 이후의 건강과 다양한 질병의 발병 위험에 영향을 미친다」(Developmental Origins of Health and Disease : DOHaD)라는 가설이 주목받고 있다. 세츠난대학 연구그룹은 다양한 유해화학물질에 노출되는 것도 이러한 환경인자에 포함될 것으로 생각하였다.

연구그룹은 그 가능성의 검증을 목표로 생쥐를 이용하여 면역기능의 발달시기와 환경요인과의 관계를 조사하였다. 구체적으로는 수유기의 어미 생쥐에 항원과 2,3,7,8-TCDD를 투여한 후 새끼 생쥐에서 나타나는 모유를 통해 이동한 2,3,7,8-TCDD 항체의 변화를 살펴보았다[※9].

항원으로 난백 알부민(egg albumin)을 사용하여 처음 4주 동안은 수유기의 어미 생쥐에게 매일 난백 알부민과 2,3,7,8-TCDD (100ng/kg)의 혼합용액을 투여하였다. 그 후 2주 동안은 통상적인 방법으로 사육하고, 새끼 생쥐가 6주가 되었을 때부터 난백 알부민만을 매일 투여하였다.

즉 어미 생쥐에 2,3,7,8-TCDD를 투여한 것은 어린 생쥐가 태어나서부터 처음 4주뿐이었다. 또한 이 시기의 어린 생쥐가 노출된 양은 모유의 2,3,7,8-TCDD 농도와 새끼 생쥐의 모유 섭취량이 명확하지 않기 때문에 정확하게는 알 수 없지만, 어미 생쥐에 투여한 양 보다는 분명히 낮은 농도이다.

실험에서는 이 그룹을 「수유기 노출군」이라 하겠다. 그리고 비교하기 위해 「성체시기 노출군」으로 사람의 사춘기에서 성인기에 해당하는 6주 연령의 별도 생쥐(암컷)에는 매일 같은 농도의 난백 알부민과 2,3,7,8-TCDD의 혼합용액을 10주 동안 투여하였다. 이외에 2,3,7,8-TCDD를 투여하지 않은 생쥐(대조군)도 사육하고, 실험 개시 1주 후부터 매주 1회의 빈도로 모든 생쥐의 혈액을 채취하여 혈청의 IgG와 IgE의 항체값을 측정하였다.

그 결과 2,3,7,8-TCDD 성체시기 노출군에서 2,3,7,8-TCDD 비투

여 대조군과 비교하면, 투여 개시 5주째부터 IgG 항체 생산이 많아지는 것이 확인되었다. 한편 매우 흥미로운 것은 수유기 노출군에서 성체시기 노출군 보다 2주나 빠른 3주째부터 IgG 항체의 생산이 많아졌다. 게다가 I 형 알러지 발병에 관여하는 IgE 항체 생산은 성체시기 노출군에서는 확인되지 않았고, 수유기 노출군에서만 관찰되었다(그림 7-10).

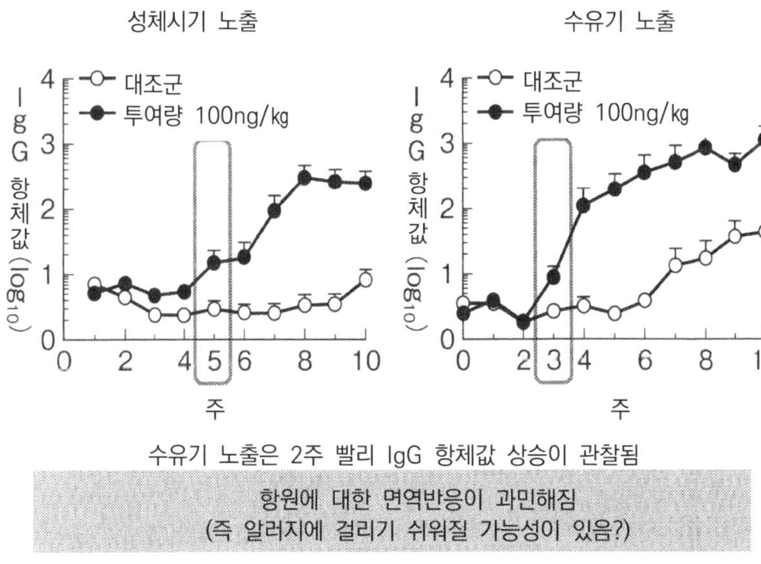

그림 7-10. 수유기의 어미 생쥐에 항원과 2,3,7,8-TCDD를 투여한 경우 새끼 생쥐에 나타난 항체의 변화를 조사한 실험 결과.

이 실험결과의 해석은 현재 검토 중이지만, 수유기에 2,3,7,8-TCDD에 노출된 어미 생쥐의 모유를 통해 새끼 생쥐가 노출되어 면역관용(특정 항원에 대해 특이적인 면역 반응이 결여 또는 억제된 상태)이 파열

되기 쉬워져 음식물 알레르겐에 대한 면역반응이 매우 과민해질 가능성이 나타났다.

유아기는 항체 생산능력에 관여하는 면역시스템을 담당하는 흉선과 비장의 림프(lymph) 조직이 현저하게 발달하는 시기이기도 하기 때문에, 이 시기의 화학물질에 대한 노출이 림프조직의 성숙과 분화에 이상을 초래하여 항체 생산 기능이 높아져서 면역성 질환의 발병 위험을 높일 가능성이 예상된다.

향후 환경독성연구의 방향

끊임없이 새로운 화학물질의 개발과 사용이 계속되는 현대사회에서 미래에 국지적이면서 심각한 환경오염이 다시 일어날 가능성을 완전히 부정할 수는 없다. 다만 다양한 환경정책이 충실하게 이루어져 과거의 다이옥신오염과 같이 넓은 지역에서 높은 농도의 환경오염이 일어날 가능성은 낮을 것이다.

게다가 환경오염 상황이 개선되어 미래의 식품과 사람에 대한 화학물질오염 수준도 낮은 농도로 억제될 것으로 예상된다. 한편 아직 질병의 원인이 해명되지 않은 질환도 다수 보고되고 있기 때문에 의료 현장에서는 비교적 경시되기 쉬운 환경오염물질을 포함한 다양한 화학물질과의 인과관계를 해명해 가는 것이 매우 중요할 것이다.

그러기 위해서는 신규 및 기존에 알고 있는 환경오염물질을 대상으로 초저용량에서의 독성을 평가할 필요가 있다. 여기에는 기존의 평가법과 전혀 다른 발상으로 정밀도와 감도가 높은 새로운 독성평가법의 확립과 도입이 반드시 필요할 것이다.

한 가지 예를 들면, 앞에서도 설명한 수정 후 2주까지의 시기(germinal period)부터 유아기까지의 분화와 발육기에 다양한 환경인자가 사람의 체질변화를 초래한다는 DOHaD가설에 기초한 독성연구이다. 이 시기의 유전자 발현 부위를 총망라하여 해석하는 에피게놈(epigenome) 변화해석의 도입은 질병 요인 해명을 위한 강력한 도구의 하나가 될 것이다.

또한 단일 화합물로는 미량이라서 건강에 미치는 영향이 없을 낮은 수준의 농도라도 여러 화합물이 존재할 때는 서로 상호작용하여 독성이 높아지는 영향을 초래할 가능성도 있기 때문에 복수의 유해화학물질에 동시에 노출되었을 때의 영향도 검토할 필요가 있을 것이다.

의약품의 경우에는 이미 여러 가지 약품을 동시에 투여했을 때의 잠재적 위험성이 인식되어 대책이 마련되고 있다. 마찬가지로 환경에 존재하는 여러 종류의 다양한 화학물질도 서로 상호작용에 의해 독성이 높아지고 강해지거나 또는 낮아지고 약해지는 물질그룹도 존재할 것으로 예측된다. 복합 노출의 문제는 단일 물질만으로 평가해온 기존 독성학의 개념을 뿌리부터 바꿀 가능성도 가지고 있기 때문에 앞으로 더 심도 깊은 연구 추진이 필요할 것이다.

(오타 소우이치太田壯– 세츠난攝南대학 약학부 교수)

제8장

독에 강한 동물과 약한 동물

해독효소를 통한 화학물질과의 공방

독성 화학물질로부터 몸을 지키는 방법

오늘날 우리 주변에는 화학물질이 넘쳐나고 있다. 이러한 화학물질은 지구 전체로 퍼져나가 현재 지구에서 화학물질로 오염되지 않은 지역은 거의 없다고 해도 과언이 아닐 것이다. 어느 곳에 살던지 우리는 화학물질에 노출되고 있다. 환경오염물질이 존재하는 실외뿐만 아니라 실내에서도 우리의 몸속으로는 항상 인공 화학물질이 침입하고 있다. 우리는 음식물과 음료 그리고 호흡을 통하여 다양한 화학물질을 흡수하고 있다. 물론 인간들만 이러한 화학물질에 노출되는 것은 아니다. 동물들도 사람과 마찬가지로 항상 화학물질에 노출되고 있다.

그러면 체내로 끊임없이 침입하는 이들 화학물질로부터 동물들은 어떻게 몸을 지키고 있을까? 바이러스와 같은 병원체가 몸 속에 들어왔을 때는 병에 걸리지 않도록 병원체를 공격하여 몸을 지키는 면역 시스템이 작동한다. 그러면 화학물질이 몸 속에 들어왔을 때는 도대체 어떠한 시스템이 작동하는 것일까?

구토는 최대의 방어

화학물질로부터 몸을 지키는 기작은 다양하다. 화학물질이 몸으로 유입되는 중요한 경로는 음식물을 통한 경구 경로이다. 따라서 가장 손쉬운 방법은 먹은 독(화학물질)을 토해내는 행위일 것이다. 독이 몸 속에 들어가지 않으면 병에 걸릴 일도 없다. 하지만 사실 「토한다」라는 행위는 사람은 쉽게 할 수 있는 행위지만 쥐와 말 같이 신체 구조상 구토를 할 수 없는 동물도 있다. 이와 같은 동물은 독성물질에 대한 대응능력이 낮다고 할 수 있을 것이다.

그러면 일단 삼켜버린 독성물질은 어떻게 하면 좋을까? 구토를 할 수 없다면, 다음에 생각할 수 있는 방어기구는 화학물질이 「몸 속에 들어가지 않도록」 하는 것이다. 삼켜버렸는데 몸 속에 들어가지 않도록 이라는 것의 의미는 정확하게는 「흡수」하지 않으면 된다는 것이다. 많은 화학물질이 음식물로서 몸 속에 들어갔을 때 소장에서부터 흡수된다. 이 때 흡수되지 않도록 다시 말하면 화학물질이 세포 표면을 통해 세포 속으로 들어가지 않도록 하고, 이어서 혈관 내로 들어가지 않도록 하면 되는 것이다.

일단 음식물에 의해 몸 속으로 들어온 화학물질이 흡수되어 혈관 내로 들어갈 때까지 여러 겹의 세포막을 통과해야 한다. 이 때

화학물질의 크기, 지용성과 수용성, 구조에 따라 자연적으로 확산하는 것과 세포막의 펌프작용으로 세포 속으로 들어가는 것 등 다양한 과정을 거친다. 세포막은 지방으로 되어 있기 때문에 일반적으로 지용성이 높은 화학물질은 들어가기 쉽고, 수용성이 높은 물질은 들어가기 어렵다.

동물들 중에는 소화관의 기능을 이용하여 해독하는 종류도 있다. 코알라는 유칼립투스(eucalyptus)를 먹는 것으로 유명하지만, 실제로 유칼립투스는 독성 성분이 많이 들어있어 다른 동물들에게는 도저히 먹이가 되지 않는다. 그러면 코알라는 이렇게 중독을 일으키는 유칼립투스를 어떻게 먹을 수 있을까? 그 비밀은 맹장에 있다. 코알라는 맹장에 해독 기능을 가지고 있어서 섭취한 유칼립투스를 장시간에 걸쳐서 맹장에서 해독한다. 이 때문에 코알라의 맹장 길이는 장 전체의 20%를 차지하여 2m 정도 되는데, 이는 포유류 중에서 가장 길다[※1].

생존경쟁 전략으로 다른 동물이 먹지 않는 유칼립투스를 주식으로 하는 코알라지만, 안타깝게도 유칼립투스는 영양이 매우 낮기 때문에 코알라는 빠르게 움직이기가 쉽지 않다. 또한 영양이 부족해서 쉽게 피로해지는지 수면시간도 포유류에서 가장 길다. 어떤 의미에서 코알라는 자신의 생애 대부분을 해독에 소비하고 있다고도 할 수 있다.

이 밖에도 소화관을 통하여 화학물질에 강한 내성이 있는 동물이 있다. 바로 반추동물(ruminants)이다. 소가 사료도 없는데 입을 우물거리는 것을 본적이 있을 것이다. 이것은 일단 삼킨 사료를 위에서 다시 입으로 되돌려 새김질을 하고 있는 것이다. 이것을 반추(되새김)라고 한다. 반추동물은 위를 4개나 가지고 있다. 이 중에서 해독에 활약하고 있는 것이 첫 번째 위이다. 첫 번째 위에서는 미생물이 풍부하게 존재하여 사료의 소화를 돕고 있으며, 이 과정에서 독성이 있는 화학물질을 분해한다.

그러면 반추동물은 어떤 독에 강한 내성을 가지고 있을까? 음식물에서 흔히 발생하는 독은 곰팡이 독이다. 곰팡이는 생존전략으로 다른 동물에게 독성을 나타내는 다양한 화학물질을 생산하며, 이것이 소위 말하는 「곰팡이 독」이다. 전 세계에서 유통되는 조개류를 비롯한 일부 식품이 곰팡이 독에 오염되어 있으며, 개발도상국에서는 50%의 확률로 곰팡이 독에 오염된 식품이 검출되는 등 선진국에 비해 매우 높은 것도 알려져 있다. 이 곰팡이 독은 사람의 음식물뿐만 아니라 사육동물과 야생동물의 먹이에서도 발생하고 있다.

그리고 일반적으로 조류는 곰팡이 독에 민감도가 높지만, 반추동물은 비교적 저항성을 가지고 있는 것으로 알려져 있다. 그 이유는 첫 번째 위의 미생물군체(미생물 집단)가 곰팡이 독을 분해하기 때문이다. 미생물군체는 세균과 같은 미생물의 집합체이다. 최근에는 「마이크로바이옴(microbiome)」으로도 불리며, 다양한 역할을 담당하고 있다. 이것에 대한 설명은 또 다른 기회에 하겠다.

방어벽에 의한 화학물질 차단

그러면 음식물을 통해 몸으로 들어온 유해한 화학물질이 소화관에서 흡수되는 경우 사람과 동물의 몸은 어떻게 유해화학물질로부터 몸을 지키는 것일까? 실은 여기에도 방어기구가 작동한다.

사람을 포함한 고등동물은 화학물질이 혈관을 통해 각 장기로 흡수되지 않도록 하는 교묘한 구조를 가지고 있다. 화학물질은 혈관 벽의 작은 구멍을 통해 체내로 들어가 확산되는 경우가 있다. 이것을 막는 것이 특정 화학물질과 결합하는 「결합단백질」이다.

혈액에 존재하는 다양한 단백질에는 화학물질의 운반 역할을 담당하는 것이 있다. 화학물질에는 단백질과 결합하기 쉬운 것과 이탈하기 쉬운 것이 있으며, 이탈하기 쉬운 화학물질은 혈관에서 세포로 흡수되기 쉬워져 각 장기로 운반된다.

화학물질과 결합하는 힘이 약한 단백질은 영양소와 같이 몸에 중요한 화학물질을 각 장기로 운반하는데 좋은 수단이지만, 독성이 높은 화학물질의 경우에는 오히려 위해가 된다. 이와 반대로 화학물질과 결합하는 힘이 강한 단백질은 영양물질을 효율적으로 운반하는데 적합하지 않지만, 유해한 화학물질을 세포로 배달하는 능력도 떨어진다. 즉 강력한 결합력을 가진 단백질은 생체방어기구에서 중요한 역할을 하고 있다. 실제로 크기가 큰 결합단백질에 결합된 화학물질의 대부분은 혈관 벽의 작은 구멍을 통과할 수 없다.

한편 화학물질에는 세포막에서 발현하는 수송체(transporter)라고 불리는 단백질을 통해 흡수되는 것이 있다. 수송체는 말 그대로 물질을 운반하는 단백질을 총칭하는 용어로 세포의 내부와 외부로 화학물질을 이동시킨다.

수송체는 화학물질을 흡수하는 역할을 하지만, 위험한 화학물질을 세포 밖으로 내보내는 「배출 펌프」의 역할도 한다. 수송체 단백질이 많으면, 수송체 단백질과 상응성(compatibility)이 좋은 화학물질이 계속해서 밖으로 배출되기 때문에 결과적으로 세포 안으로 흡수되기 어려워진다.

일부 항암제는 반복하여 사용하면 수송체의 양을 늘리는 것으로 알려져 있다. 이 때문에 항암제가 세포로 흡수되기 어려워져 오히려 항암제가 듣지 않게 되는 원인이 되기도 한다.

뇌는 화학물질이 간단히 통과하지 못하게 되어 있다. 뇌 전체에 고루 퍼져있는 혈관 세포는 세포끼리 단단히 밀착되어 있어 화학물질이 쉽게 통과할 수 없으며, 세포에 수송체가 발현하여 들어온 화학물질을 즉시 밖으로 배출하고 있다. 이것을 혈액-뇌관문이라고 한다.

2015년에 노벨생리학·의학상을 수상한 오오무라 사토시大村智가 개발한 이버맥틴(ivermectin)이라는 화학물질은 동물의 기생충을 구제하기 위한 약품으로 사용되지만, 이 물질은 성상석으로는 혈액뇌관문을 통과하지 못한다. 그러나 혈액뇌관문에 발현한 수송체에 변이가 생겨 정상적으로 발현되지 않는 동물, 예를 들어 개의 한 종류인 콜리종에서는 이버맥틴(ivermectin)이 수송체의 방어 시스템을 빠져나간다. 그 결과 이버맥틴이 뇌에 도달하여 중독을 일으키기 쉬운 것으로 알려져 있다.

생체방어의 마지막 보루

만약 여러 가지 방어 시스템을 뚫고, 화학물질이 혈액에서 세포 속으로 들어가 버린 경우 사람을 포함한 동물들은 어떻게 몸을 지킬까? 여기에서 등장하는 것이 마지막 보루인 「해독효소」이다. 해독효소는 세포내에 들어간 화학물질을 「소변」을 통해 체외로 쉽게 배출되도록 하는 역할을 맡고 있다. 구체적으로는 화학물질의 구조를 바꿔버리는 것이다. 세포막은 지방으로 되어 있기 때문에 지용성이 높은 화학물질은 세포내에 머무르기 쉽고, 수용성이 높은 화학물질은 소변을 통해 체외로 배출되기 쉬워진다. 이 때문에 해독효소는 화학물질의 수용성을 높이는 작용을 하는 것이다.

그러면 동물은 어떤 해독효소를 가지고 있을까? 화학물질을 해독하는 중요한 장기는 간이다. 간에서는 다양한 해독효소가 발현하고 있다. 이 때문에 음식물에서 흡수된 화학물질은 먼저 간으로 운반된다. 화학물질의 대사는 제Ⅰ상 반응과 제Ⅱ상 반응으로 나눌 수 있다.

제Ⅰ상 반응은 수산화와 산화, 가수분해 등을 들 수 있다. 예를 들어 술을 마셨을 때 알코올을 대사하는 것은 알코올 탈수소효소, 그리고 알코올 대사과정에서 생성되는 독성이 높은 아세트알데히드(acetaldehyde)를 해독하는 것은 알데히드 탈수소효소이며, 모두 제Ⅰ상 반응으로 분류된다(그림 8-1).

제Ⅱ상 반응은 제Ⅰ상 반응에서 만들어진 대사산물을 수용성이 더욱 높은 물질로 바꾸는 것이다. 그러면 어떻게 수용성을 높일 수 있을까? 가장 단순한 방법은 「물에 녹기 쉬운 물질을 결합시키는」 것이다. 제Ⅱ상 반응에서는 제Ⅰ상 반응에서 만들어진 수산기를 발판으로 당과 펩티드(peptide), 황산과 같이 물에 녹기 쉬운 물질을 화학물질과 결합시킨다.

	대표적인 효소	주요 반응
제1상 반응	에폭시 하이드로라제(eposy hydrolase)	가수분해
	DT-디아퍼라아제(DT-diaphorase), NADPH-P450 환원효소(NADPH-P450 reductase), 시토트롬 P450(cytochrome P450)	환원
	알코올 탈수소효소(alcohol dehydrogenase), 알데히드 탈수소효소(Aldehyde dehydrogenases), 모노아민 산화효소(monoamine oxidase), 플라빈 모노산소첨가효소(flavin-monooxygenase)	산화
제2상 반응	글루크론산 전이효소(glucuronyl transferase), 글리신 전이효소(glycine transferase), 글루타치온 전이효소(glutathion transferase), 황산전이효소(sulfotransferase)	보조효소를 이용한 포합
	N-아세틸기 전이효소(N-acetyltransferase), 카테콜-O-메틸전이효소(atechol-O-methyltransferase)	아세틸화 메틸화

그림 8-1. 주요한 해독효소와 효소 반응.

조금 더 자세히 살펴보자. 제Ⅰ상 반응에서 주역은 「시토크롬(cytochrome) P450」이라는 효소에 의한 1원자 산소첨가반응(mono-oxygenation)이다. 임상에서 사용되는 의약품의 대부분은 이 시토크롬 P450에 의해 대사된다. 시토크롬 P450은 몸속으로 들어오는 화학물질로부터 몸을 지키는 첫 번째 방어벽이라 해도 과언이 아니다.

그러나 시토크롬 P450의 대사만으로는 수용성이 부족하여 소변으로 배출되지 않는 화학물질도 있다. 이 때 활약하는 것이 제Ⅱ상 반응인 글루크론산 전이효소와 황산 전이효소, 글루타치온 전이효소이다. 글루크론산 전이효소는 당을, 황산 전이효소는 황(sulfur)을 함유한 황산기(sulfuryl)를, 글루타티온 전이효소는 3개의 아미노산으로 구성된 펩티드(peptide)인 글루타티온을 결합시킨다.

이들 효소는 간에서 많이 발현하며, 혈액에서 운반된 화학물질을 대사하여 소변으로 배설하기 쉬운 형태로 만든다. 물론 이들 효소가 발현하는 장기는 간뿐만이 아니다. 인체의 거의 모든 장기에서 발현한다.

폐를 예를 들어보자. 사람은 호흡을 통해 공기 중의 화학물질을 흡수한다. 당연히 폐에도 이들 효소가 발현하여 화학물질의 대사에 참여한다. 또한 코의 점막에서도 대사효소가 발현하여 호흡을 통해 들어온 화학물질을 대사하고 있다.

그러면 우리의 몸에서 가장 큰 장기는 어디일까? 정답은 피부이다. 피부는 몸무게의 10% 이상을 차지하는 중요한 장기이다. 이 피부에도 시토크롬 P450을 비롯한 대사효소가 발현하고 있다. 이와 관련하여 포유류의 경우는 피부를 통과하는 화학물질이 한정되어 있지만, 양서류의 피부는 구조적으로 화학물질을 흡수하기 쉽게 되어 있다.

화학물질 적응전략에서 효소의 역할

앞에서 설명한 것과 같이 화학물질 방어기구의 마지막 보루는 해독효소다. 이러한 해독효소들은 처음부터 환경 화학물질의 방어기구로 진화와 발달을 해온 것은 아니다. 시토크롬 P450을 비롯한 동물이 가지고 있는 해독효소는 환경 오염물질 보다는 오히려 매일 먹는 음식물에 들어있는 화학물질을 대사하기 위해 적응해온 것으로 생각된다.

동물들이 매일 섭취하는 음식물에는 유해한 화학물질이 항상 들어있다. 의외라고 생각하겠지만, 무농약 과일과 채소에도 동물에게 독이 되는 화학물질이 들어있다. 식물은 생리활성물질을 이용하여 꽃을 피우고, 열매를 익힌다. 계절, 즉 주위의 환경변화에 맞추어 단풍이 들거나, 꽃을 피우거나, 성숙한 열매를 가지에서 떨어뜨리는 것과 같은 식물의 생활 사이클은 생리활성물질, 즉 화학물질을 사용하여 제어하고 있다. 이 중에는 곤충으로부터 잎을 지키기 위해 기피물질을 생합성하는 것도 있다. 실제로 이와 같이 식물이 만들어 내는 화학물질은 동물에게 유해한 경우도 많다.

폴리페놀(polyphenol)과 카테킨(catechin)과 같이 몸에 좋은 것으로 알려진 식물 유래의 화학물질도 너무 많이 섭취하면 독이 된다. 우리가 평소에 먹고 있는 초콜릿과 커피에도 식물 유래의 카페인과 폴리페놀이 들어있다. 음식을 통해 섭취한 이들 식물 유래의 화학물질을 빠르게 대사하고, 체내에서 과잉이 되지 않도록 하는 것도 시토크롬 P450과 제Ⅱ상 포합효소의 역할이다.

그러면 식물을 섭취하지 않는 육식동물은 해독효소가 없을까? 사실 시토크롬 P450과 제Ⅱ상 포합효소는 외부에서 들어온 화학물질을 해독하고, 몸 밖으로 배설을 쉽게 하는 것 이외에도 또 하나 중요한 기능이 있다. 그것은 역할을 끝냈거나 지나치게 농도가 높은 생합성 생리활성물질을 대사한 후 몸 밖으로 배설하여 조절하는 작용이다. 「해독」에는 화학물질을 대사하여 직접 독성을 제거하는 것뿐만 아니라 빠르게 배설하는 것도 있다. 실제로 주된 해독효과를 나타내는 것은 배설하는 쪽이다.

예를 들어 시토크롬 P450은 일부의 비타민류와 스테로이드 호르몬을 생합성한다. 앞에서 설명한 식물의 생리활성물질도 시토크롬 P450이 만든 것이다. 이 때문에 해독효소는 생리활성물질의 생합성효소이기도 하다.

따라서 모든 동물이 이러한 효소들을 가지고 있다. 동물뿐만 아니라 식물과 세균 등 많은 생물종에서 시토크롬 P450이 이용되고 있다.

시토크롬 P450과 제Ⅱ상 포합효소는 단일 효소가 아니다. 같은 시토크롬 P450에도 분자종이라는 아미노산의 배열이 다른 수많은 효소가 존재한다. 아미노산의 배열 차이에 따라 대사하는 화학물질의 종류(구조)가 달라진다. 시토크롬 P450은 대사하는 화학물질을 포착하기 위한 공간(pocket)을 형성하며, 이 포켓의 형태는 분자종에 따라 다르다. 생물은 이렇게 여러 종류의 다양한 화학물질을 대사할 수 있도록 진화해 온 것이다.

해독효소 종류의 차이

대사효소에는 종류별로 차이가 있다. 예를 들어 사람은 초콜릿을 먹어도 중독되는 일이 거의 없다. 초콜릿에는 식물 유래의 다양한 화학물질이 들어 있지만, 사람은 이러한 화학물질들을 대사할 수 있기 때문에 중독되지 않는 것이다. 그러나 개의 경우는 초콜릿에 들어있는 테오브로민(theobromine)이라는 화학물질을 대사하는 능력이 매우 낮기 때문에 지나치게 먹으면 중독증상을 일으킨다.

구체적으로는 초콜릿을 먹었을 때 혈액의 테오브로민 농도가 절반으로 줄어드는 시간이 사람은 2～3시간 정도인데 비해 개는 18시간이나 걸리는 것으로 알려져 있다※3. 이것도 해독능력, 즉 효소 종류에 따른 대사능력의 차이 때문이다.

화학물질 종류별 민감도의 차이는 이 해독효소 종류의 차이에 기인하는 것이 크고, 많은 경우 동물이 가지고 있는 대사능력은 식성과 필요한 생리활성물질에 적응하여 진화해 온 것으로 생각된다. 초식동물은 육식동물에 비해 독성이 높은 식물을 많이 섭취하지만, 독성 화학물질을 대사하는 능력은 육식동물과 차이가 없는 것일까?

육식동물인 고양이는 약물을 대사하는 능력이 낮기 때문에 약물중독을 일으키기 쉬운 것으로 알려져 있다. 이것은 고양이의 조상이 되는 동물에서 글루크론산 전이효소의 유전자에 변이가 생겨 일부의 분자종이 제대로 기능하지 않았던 것이 원인이다. 고양이뿐만 아니라 고양이과 동물인 사자, 하이에나, 치타도 이 효소가 제대로 작동하지 않는 것으로 보고되어 있다※4. 그러나 고양이는 육식동물이다. 제대로 기능하지 않는 글루크론산 전이효소 분자종은 고양이의 진화과정에서 없어도 지장이 없었을 것이다. 마찬가지로 「순수한」 육식동물인 바다표범도 일부 종에서 글루크론산 전이효소가 기능하지 않는 것이 알려져 있다.

이에 비해 초식동물과 잡식동물은 글루크론산 전이효소가 정상 기능하여 식물에 들어있는 폴리페놀 등을 대사하고 있다. 특히 초식동물에서 일반적으로 글루크론산 전이효소 활성이 높은 것도 보

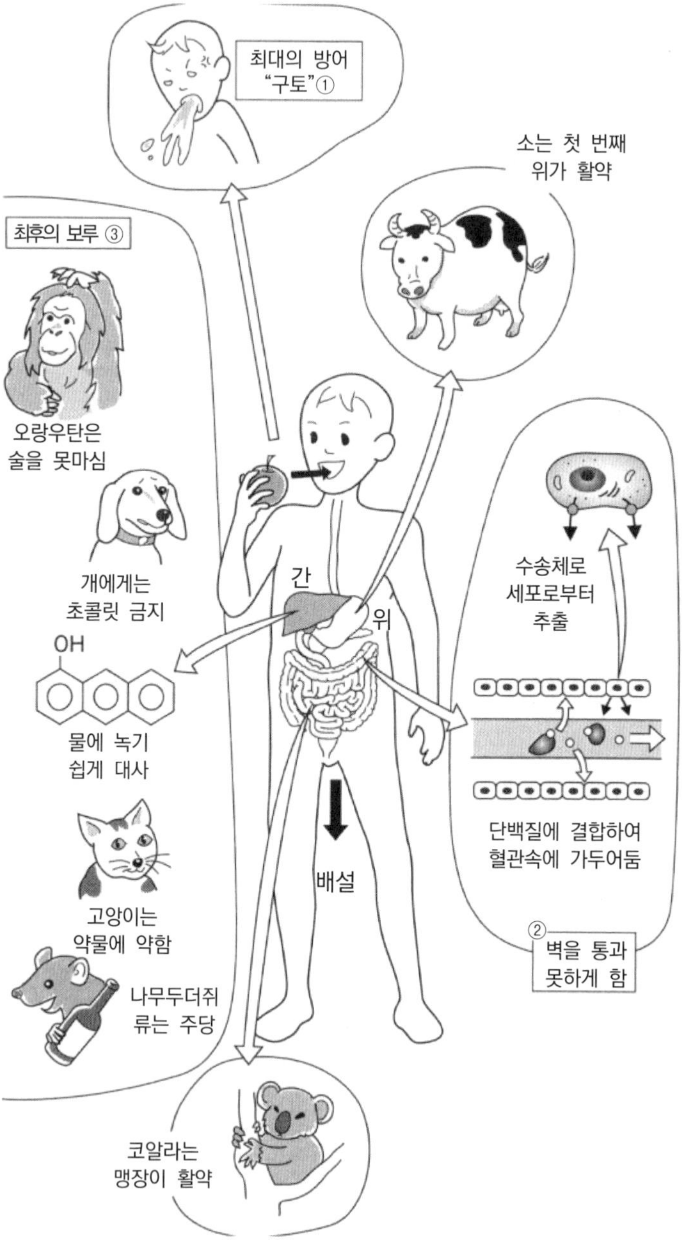

그림 8-2. 화학물질을 방어하는 3가지 기능.

고되어 있다. 한편 개는 육식동물이라고 생각하기 쉽지만, 식성으로는 잡식동물이기도 하다. 따라서 개에서도 글루크론산 전이효소가 정상적으로 기능하고 있는 것으로 알려져 있다.

동물의 종류에 따라 차이가 나타나는 것은 글루크론산 전이효소만이 아니다. 예를 들어 개에서는 아세틸기 전이효소의 일부 분자종이 기능을 하지 않고 있으며, 고슴도치에서는 황산 전이효소의 일부 분자종의 기능이 약한 것이 최근의 연구에서 보고되었다[※6]. 진화과정에서 이들 효소가 제대로 기능하지 않아도 생존에 영향이 없었던 것 같다.

이와 같이 동물 종류에 따른 대사효소의 차이는 화학물질 민감도의 차이를 초래하였다. 여러분은 술에 강한 동물과 약한 동물을 알고 있는가? 포유류에 한정하여 동물계의 최고 주당은 아마도 나무두더지류 일 것이다. 이들은 특정한 꽃의 꿀이 주식이며, 이 꿀에는 알코올이 들어있다. 나무두더지류가 섭취하는 알코올 양을 사람의 몸 크기로 환산하면, 나무두더지류는 매일 맥주 큰 병(알코올 5%로 환산) 7~8병을 마시는 것으로 계산된다.

이에 반대로 동물계에서 가장 술에 약한 동물은 오랑우탄이다. 오랑우탄은 알코올 대사효소가 변이되어 알코올을 무해한 이산화탄소와 물로 분해할 수 없는 것으로 알려져 있다.

동물에게 술이라니.....라고 생각할 수도 있겠지만, 알코올을 대사하여 해독하는 능력은 생체의 항상성 유지에 중요하다. 사실 알코올과 알데히드는 사람과 동물의 몸 속에 늘 존재하며, 항상 대사·해독되고 있다.

그림 8-3. 술을 못하는 오랑우탄(왼쪽)과 포유류 최강의 주당 나무두더지류(오른쪽).

한편 식물에도 알코올류가 많든 적든 들어있다. 아프리카에서는 알코올 성분을 많이 함유한 종이 있다. 마룰라(marula)라는 과일은 익어서 자연 발효되면, 대량의 알코올이 만들어지며, 이것을 먹은 동물은 「취한다」는 것도 보고되었다.

해독효소 효능의 개체 차이

그런데 술의 해독에는 생물종에 따른 차이에 더해 개체별 차이도 있다. 사람도 술에 강한 사람과 약한 사람이 있는 것은 당연히 알고 있을 것이다. 특히 일본 사람들에서 이 경향이 뚜렷하다. 같은 호모사피언스라는 동물인데 이러한 개인 차이는 어떻게 생겼을까?

앞에서 설명한 것처럼 술을 대사하여 해독하는 것은 알코올 탈수소효소와 알데히드 탈수소효소이다. 알데히드 탈수소효소는 과

음했을 때 숙취의 원인 화학물질인 아세트알데히드(알코올의 대사산물)을 해독한다.

실은 일본인의 절반은 이 알데히드 탈수소효소의 능력이 절반밖에 되지 않는다(그림 8-4). 그리고 수 %의 사람은 유전자가 변이되어 알데히드 탈수소효소가 전혀 기능하지 않는 효소로 변해 버렸다. 이렇게 알데히드 탈수소효소의 기능 차이가 술에 강한 사람과 약한 사람을 만드는 원인이 된다. 마찬가지로 약이 잘 듣는 사람과 잘 듣지 않는 사람도 많은 경우 대사효소의 개체별 차이에 의해 결정된다.

형태	알코올 탈수소효소의 활성	알데히드 탈수소효소의 활성	알코올의 민감도
주당	높음	높음	알코올과 알데히드 모두 즉시 분해
숙취	높음	낮음	숙취가 생기기 쉬움
주정	낮음	높음	기분좋게 마시며, 숙취가 적음. 알코올 농도는 높아지므로 어느 순간 기억을 잃어버림
못 마심	낮음	낮음	정말로 못마심, 즐기는 정도에서 멈추어야 함

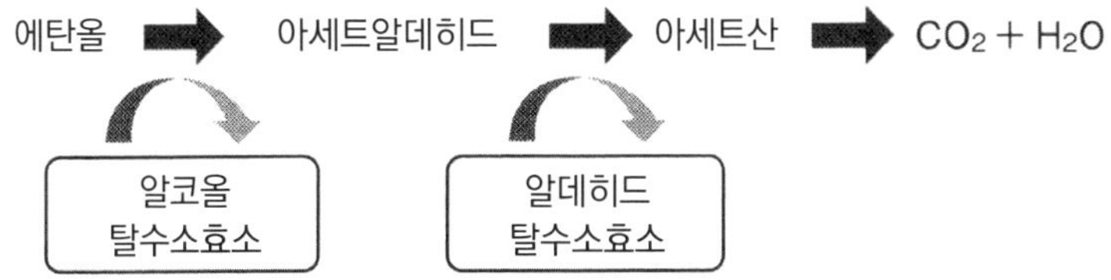

그림 8-4. 술에 취하는 형태는 알코올 탄수소효소와 알데하이드 탈수소효소의 활성에 의해서 크게 달라진다.

살충제의 내성

동물의 개체별 차이를 가장 알기 쉬운 것이 곤충의 사례일 것이다. 해충구제에 사용되는 농약에서 같은 종류의 살충제를 계속 사용하면, 동일한 곤충 종에서도 일부 개체가 살충제에 내성을 가지는 경우가 있다. 곤충도 물론 시토크롬 P450을 비롯한 대사효소를 가지고 있으며, 곤충이 알에서 부화하여 유충으로 성장하고, 번데기가 되고, 날개나 생겨 성충이 되는 일련의 과정도 화학물질에 의해 조절되고 있다.

이렇게 곤충들의 변태를 조절하는 호르몬을 생합성하는 것도 시토크롬 P450이다. 곤충이 농약에 내성을 가지는 메커니즘은 다양하지만, 살충제를 계속 사용하는 동안 해독하여 배설하는 시토크롬 P450량이 늘어나고, 그 결과 살포한 살충제를 계속 대사하여 몸 밖으로 내보내기 때문에 살충제가 듣지 않게 되었다는 사례도 많이 보고되었다.

살충제 중에서도 오래 전부터 사용해온 DDT는 환경보전을 위해 대부분의 국가에서 생산과 사용이 금지되었다. 그리고 지금은 스톡홀름협약의 대상물질이기도 하다. 그러나 2006년 이후 말라리아 관리(Malaria control)를 위해 아프리카와 같은 일부 지역에서 DDT가 재사용되었으며, 실내의 벽면에도 DDT를 살포하고 있다. 이 때문에 다시 DDT 오염이 발생할 가능성도 높아지고 있다. DDT는 살충제 중에서도 비교적 내성이 생기기 어려운 농약으로 알려져 왔다. 그러나 반복하여 DDT를 사용한 결과, 아프리카의 일부 지역에서 시토크롬 P450의 변이를 포함한 DDT에 내성을 가진 곤충도 출현하고 있다.

PCB의 내성

곤충은 수명이 짧기 때문에 살충제에 내성이 있는 시토크롬 P450과 같은 해독효소의 유전자를 가진 개체가 생존하여 그 수가 늘어나는 것은 충분히 이해할 수 있을 것이다. 그러면 수명이 긴 척추동물에서는 어떨까?

시토크롬 P450과 제Ⅱ상 포합효소의 발현을 조절하고 있는 분자에 아릴하이드로카본(aryl hydrocarbon) 수용체가 있다. 다이옥신 수용체라는 별명을 가진 전사조절인자(transcriptional regulatory factor)이다. 미국 허드슨강 하구의 상류역에서 대량의 폴리염화비페닐(PCB)이 유출되어 이 유역에 서식하는 물고기인 대서양대구(Atlantic Tom Cod)의 체내에 고농도의 PCB가 축적되어 있었다. 이 PCB의 농도는 통상적으로는 물고기가 생존할 수 없는 정도의 높은 값이었다.

PCB 중에서도 다이옥신류로 분류되는 다이옥신형 PCB는 다이옥신 수용체와 결합하여 다양한 생체반응을 일으킨다. 대량으로 PCB가 축적된 대서양대구 개체군의 유전자를 살펴본 결과 다이옥신 수용체가 변이되어 「둔감한」 수용체로 변한 것을 알았다[※7]. 즉 고농도의 PCB오염 환경에서도 쉽게 몸에 독성반응을 일으키지 않도록 변한 것이다.

스톡홀름협약에서 규제되고 있는 지용성이 높은 잔류성유기오염물질도 시토크롬 P450과 글루크론산 전이효소가 대사를 하고 있다. 예를 들어 할로겐기는 시토크롬 P450에 의해 탈할로겐화되어 조금씩 수용성이 늘어나 생체 밖으로 배출된다. 그러나 PCB의 경우에는 대사되어 염소가 수산기로 치환되면 수용성이 늘어나지만, 너무 많은 염소를 가진 PCB(예를 들어 10개의 염소가 붙어 있는 PCB)는 좀처럼 대사되지 않는다. 시토크롬 P450도 대사가 잘 되는 화학물질과 잘 되지 않는 화학물질이 있기 때문에 만능은 아닌 것이다.

쥐약에 대한 저항성

물고기에는 PCB에 강한 개체군의 사례가 있지만, 사람과 같은 포유류에서는 오염된 환경에 적응하는 변화가 일어나지 않을까? 물론 포유류에서도 환경 화학물질에 저항성을 가진 사례가 있다. 쥐의 구제에 사용하는 쥐약이 바로 그것이다.

여러분은 칸토關東지역 근교에 서식하는 쥐의 80%가 쥐약에 저항성을 가지고 있다는 것을 알고 있는가? 쥐가 이렇게 저항성을 가지는 것은 시토크롬 P450의 대사능력이 커진 것도 하나의 원인으로 생각된다.

현재 전 세계에서 가장 많이 사용하는 쥐약은 와파린(warfarin)으로 대표되는 항혈액응고계의 쥐약이다. 이 쥐약은 비타민K를 고갈시켜 혈액응고인자의 기능을 멈추게 한다. 이 때문에 쥐가 출혈사하지만, 사람과 다른 동물이 실수로 쥐약을 먹은 경우에도 비타민K를 투여하여 구출할 수 있다. 이와 같이 다른 쥐약에 비해 취급하기 안전하기 때문에 항혈액응고계의 쥐약은 전 세계에서 사용되고 있다.

여담이지만 쥐약인 와파린은 시중에서 항혈전제로 사용되는 와파린이라는 의약품과 같은 것이다. 원래는 쥐약, 즉 농약으로 개발된 것이지만 의약품으로 전용된 것이다.

와파린을 대표로하는 항혈액응고계 쥐약의 표적이 되는 효소는 비타민K를 대사하는 비타민K에폭시드(epoxide) 환원효소(VKOR)이다. 와파린류는 VKOR에 결합하여 그 기능을 방해하여 체내에서 비타민K를 이용할 수 없도록 하는 것이다. 유럽에서 쥐약에 저항성을 가진 쥐에서 이 VKOR의 아미노산 배열이 변하여 와파린이 잘 듣지 않는 것이 보고되었다. 일본에서도 VKOR의 변이가 발견되었으며, 쥐약에 어느 정도 저항성을 가지는 것에 기여하고 있다. 그러나 유럽형 변이에 비해 일본형의 변이는 유럽만큼 강하지 않았다. 와파린이 VKOR 기능을 방해하는 저항성은 한정적이었던 것이다.

일본에서는 유럽의 쥐와 달리 VKOR의 변이뿐만 아니라 해독효소가 매우 잘 기능하도록 변이된 것도 발견되었다. 와파린류는 시토크롬 P450에 의해 대사되고, 글루크론산 전이효소에 의해서 수용성을 높여서 소변으로 배설된다.

쥐약에 저항성을 가진 쥐는 저항성을 가지지 않은 쥐에 비해 소변으로 쥐약의 배설속도가 빠르며, 시토크롬 P450의 대사능력이 매우 높은 것으로 확인되었다[※8]. 또한 쥐약에 저항성을 가진 쥐에 시토크롬 P450을 저해하는 약물을 쥐약과 함께 투여하면, 사망하는 것도 알 수 있었다[※9]. 포유류가 시토크롬 P450의 변이로 환경

화학물질에 저항성을 가지게 되어 화학물질로 오염된 환경에 적응하고 있는 것을 알게 된 매우 흥미로운 사례이다(그림 8-5).

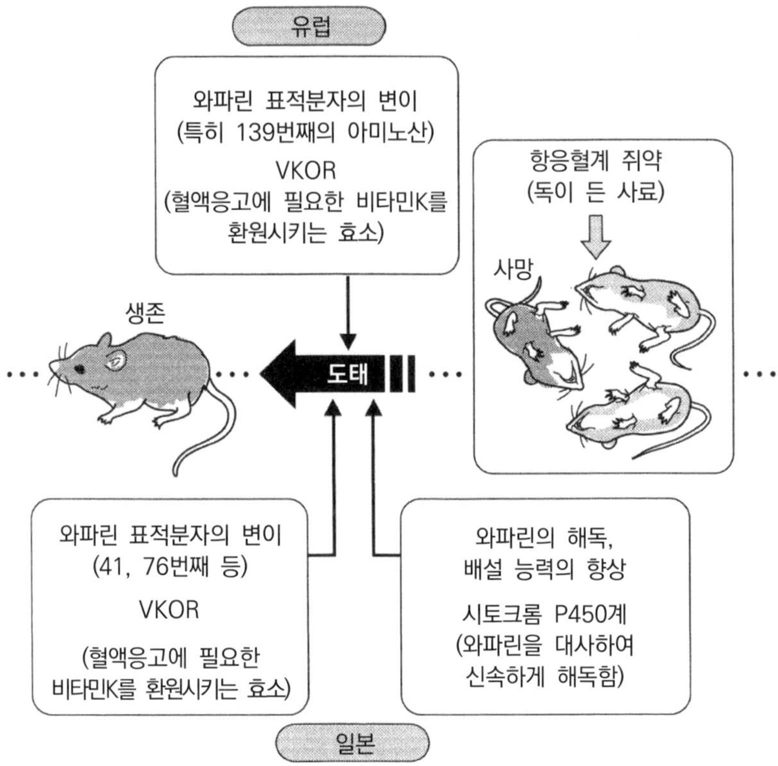

그림 8-5. 항혈액응고계의 쥐약 와파린(warfarin)에 저항성을 가진 쥐가 유럽과 일본에서 출현.

그리고 쥐약에 저항성을 가진 개체에서 유럽형 변이를 갖는 개체군은 일본형 변이개체에 비해 저항성이 매우 강하고, 제1세대 와파린류는 물론 저항성 개체를 표적으로 개발된 제2세대 쥐약에도 이미 저항성을 확보한 것이 보고되었다.

쥐는 선박 등에 편승하여 전 세계로 퍼져나가 외래생물로서 서식지역을 확장한 것으로 알려져 있다. 그러면 현재 유럽형의 변이를 가진 쥐가 일본에 유입되었을까? 일본에서 제2세대 쥐약의 사용은 엄격하게 제한된다. 유럽형 쥐가 일본에 침입하여 확산되면 일본의 법률로는 대응을 할 수 없는 상황이 된다. 일본 전국의 곰쥐(black rat)와 집쥐(brown rat, 시궁쥐라고도 함) 400마리 정도를 조사한 결과에서는 아직 유럽형 쥐가 일본에는 들어오지 않았다. 일본에 서식하는 10종류 정도의 쥐에서 변이가 일어난 것은 파악되었지만, 유럽형 쥐와 같이 매우 강력한 와파린 저항성을 가진 변이는 없었다.

그러나 실제로 유럽형 변이를 가진 쥐는 아시아까지 들어와 있다. 중국에서는 2010년에 유럽형의 저항성을 가진 개체가 발견되었다. 최근 외래생물의 침입 문제가 거론되고 있으며, 유럽형의 저항성을 가진 쥐가 일본에 침입할 가능성이 전혀 없는 것은 아니다.

쥐약 민감도의 차이

쥐는 다양한 병원체의 매개체가 되기 때문에 항상 공중위생의 관점에서 쥐를 구제하기 위해 일본의 전국 각지에서 쥐약이 사용되고 있다.

그러나 실제 쥐약은 또 다른 목적으로도 사용된다. 쥐는 외래생물이면서 잡식성 동물이다. 따라서 그 지역에 원래부터 살고 있던 작은 동물을 잡아먹고, 때로는 생태계의 균형을 무너뜨리는 경우도 있다. 이것을 막기 위해 외래생물의 구제를 목적으로 쥐약이 이용되기도 한다.

뉴질랜드에서는 섬에 침입하여 늘어난 집쥐가 희귀종의 동물을 잡아먹는 것이 문제가 되어 집쥐를 구제하기 위해 쥐약이 사용되었다. 그리고 집쥐의 구제에 성공하여 현재는 외래생물의 구제를 목적으로도 쥐약을 살포하고 있으며, 이와 같은 목적으로 쥐약을 사용하는 사례도 이제는 드물지 않게 되었다.

일본에서도 생태계 보전을 위해서 쥐약이 살포된 적이 있다. 오가사와라제도小笠原諸島는 세계 자연유산으로 등재되었으나, 외래생물이 문제가 되었다. 오가사와라제도에는 곰쥐가 서식하고 있었기 때문에 서식 개체수를 조절할 목적으로 오가사와라제도에서 쥐약이 사용되었다. 홋카이도北海道의 유루리섬(ユルリ島)과 모유루리섬(モユルリ島)에서도 시궁집쥐의 구제를 위해 쥐약이 살포되었다.

쥐약은 말 그대로 쥐를 잡기 위해서 사용된다. 그러나 다른 동물에 미치는 영향은 없을까? 화학물질이 동물에 미치는 영향 정도를 나타내는 지표로 LD_{50}(반수치사량)이라는 것이 있다. 이것은 동물에게 어떠한 화학물질을 투여했을 때 절반이 사망하는 화학물질의 농도를 말한다. 쥐약의 LD_{50}을 알고 있는 동물들끼리 비교하면, 쥐는 확실히 쥐약에 민감도가 높은 종이라 할 수 있다.

한편, 닭과 메추라기의 실험에서 얻어진 LD_{50}은 쥐의 수백~수천 배의 값을 나타내어 조류는 쥐약에 강한 것으로 생각된다. 그러나 현재 쥐약 살포가 비표적종에 미치는 영향이 일부 우려되고 있다. 전 세계에 서식하는 맹금류의 서식 수가 감소하는 원인의 하나가 쥐약이라는 충격적인 뉴스가 2010년에 보고되었다[※10]. 앞에서 언급한 뉴질랜드의 사례에서는 매우 독성이 강한 제2세대 쥐약을 사용하여 집쥐의 박멸에는 성공했지만, 일시적으로 80%의 조류가 사망한 것도 보고되었다[※11].

LD_{50}으로는 조류가 쥐약에 강해야 하지만, 어떻게 이러한 사태가 일어났던 것일까? 여기서 문제가 되는 것은 조류의 종에 따른 차이이다. 조류의 실험동물로 닭과 메추라기가 흔히 사용된다. 그러나 동물의 진화 과정에서 살펴보면, 닭과 메추라기는 극히 일부의 조류만을 대표할 뿐이다. 예를 들어 닭의 시토크롬 P450은 쥐약을 대사하는 능력이 다른 조류에 비해 현저하게 높으며, 맹금류는 조류 중에서도 쥐약 대사능력이 낮다는 것도 알려져 있다. 그리고 쥐약의 표적이 되는 VKOR도 닭은 쥐약이 저해하기 어려운 단백질 구조를 하고 있지만, 다른 조류에서는 쥐만큼 민감도가 높은 종도 있다는 것이 알려져 있다.

이와 같은 쥐약에 대한 민감도 외에 특히 맹금류는 쥐약에 노출되어 빈사상태의 작은 동물을 잡아먹기도 하기 때문에 다른 조류에 비해 쥐약의 피해가 더 큰 것으로 생각된다. 게다가 해외에서 살포된 제2세대 쥐약은 매우 독성이 강하기 때문에 종에 따른 차이가 생기지 않고, 모든 동물에서 독성을 가진다. 다행히 일본에서는 야외에서 종 차이에 따른 민감도가 비교적 큰 제1세대 쥐약을 사용하였으며, 현재 비표적종의 피해는 보고되지 않았다. 비표적종의 쥐약 민감도도 현재 조사하고 있다.

정의의 사도, 하지만 가끔은 악역

지금까지 해독효소의 좋은 측면만을 설명하였다. 그렇지만 당연히 이들 효소는 「이 화학물질은 나쁜 화학물질이니 대사해야지」라고 판단하여 기능하는 것은 아니다. 효소가 가진 「포켓(pocket)」에 들어간 화학물질을 모두 무차별적으로 대사하는 것이다. 실제로 화학물질에는 해독효소에 대사되어 원래보다 독성이 강한 형태로 변하는 것도 있다. 이것을 「대사적 활성화」라고 한다.

특히 제 I 상 반응의 주역이라 할 수 있는 시토크롬 P450은 대사적 활성화로 다양한 화학물질을 생체분자에 작용하기 쉬운 활성 화학물질로 변환시킨다. 의약품의 경우에는 이것을 예측하여 대사된 후에 비로소 약효를 나타내는 의약품으로 개발되는 경우도 있지만, 환경화학물질의 경우 시토크롬 P450에 의해 독성이 없던 것들이 독성이 있는 것으로 변해버린다.

이러한 전형적인 화학물질이 발암물질일 것이다. 발암물질은 우리들 주변에 넘쳐난다. 물건을 태울 때나 조리할 때 발생하는 다환방향족탄화수소에는 시토크롬 P450에 대사되면 유전자와 결합하여 발암성을 가진 대사산물로 변환되는 것도 있다. 사람에게 암이 생기는 주요한 요인의 하나로 식생활을 들 수 있다. 모든 음식물에는 소량이지만 발암성이 의심되는 화학물질이 들어 있다.

사람의 경우는 수명이 길기 때문에 발암 위해성은 건강에 큰 위험이 되지만, 동물의 경우는 어떨까? 자연환경에서 동물의 수명은 동물원과 같은 사육 환경에 비해 절반으로 알려져 있다. 이 때문에 야생동물의 경우 종양이 생기는 원인의 대부분은 화학물질이 아닌

바이러스성으로 알려져 있다.

그러나 대사효소에 동물의 종에 따른 차이가 존재하는 이상 암이 생기기 쉬운 동물도 있을 가능성이 있다. 스톡홀름협약의 대상이 되는 환경에 잔류성이 높고 생물농축을 일으키는 잔류성유기오염물질에는 다이옥신류와 DDT와 같이 발암성이 있는 것 또는 발암성이 의심되는 물질도 있다. 따라서 야생동물에서도 화학물질에 의한 발암 위해성이 전혀 없는 것은 아니다.

향후 동물의 화학물질 민감도 연구

지금까지 설명한 것처럼 화학물질의 민감도에는 개인별 차이와 종에 따른 차이가 존재한다. 이 차이를 결정하는 중요한 인자가 지금까지 소개한 시토크롬 P450과 글루크론산 전이효소와 같은 제Ⅰ상 반응과 제Ⅱ상의 효소군이다. 이 효소들은 사람에서는 의약품의 대사에 관여하는 중요한 효소이기 때문에 분자종과 그 기능까지 상세하게 조사되어 있다.

한편 동물에서는 실험동물을 제외하면, 그 특징이 거의 알려져 있지 않다. 야생동물은 사람과 마찬가지로 많은 화학물질에 지속적으로 노출되고 있다. 어떤 동물종이 어떤 화학물질에 민감하고, 그 원인은 무엇인지를 밝혀야 하는 향후의 연구가 기다리고 있다.

(이시즈카 마유미石塚眞由美 홋카이도北海道대학 대학원 수의학연구원 교수)

에필로그

화학물질을 둘러싼 대립

인류가 만들어낸 화학물질을 둘러싸고 이 책에서 설명한 것처럼 위험하다는 견해와 많은 물질이 유용하게 사용되고 있다는 견해가 자주 대립한다. 따라서 이러한 논쟁을 정리하기 위해 흔히들 말하는 것이 위해성(risk)과 편익(benefit)을 균형 있게 사용하는 것이 좋다는 것이다. 「위해성과 편익을 균형 있게」 — 총론으로는 맞는 말이지만, 이것만으로는 아무런 말도 하지 않은 것이나 마찬가지며, 문제 해결의 답이 되지 않는다. 총론만이 아니라 각론으로서도 납득이 가는 설명을 제시할 수 없으면, 해결이 되지 않은 것이다.

화학물질을 둘러싼 대립을 어렵게 하는 문제의 본질은 어디에 있는 것일까? 저자는 다음과 같은 3가지 문제가 있다고 생각한다.

첫 번째는 화학물질을 둘러싼 문제의 대부분이 좀처럼 눈에 띄지 않는다는 것이다. 예를 들어 교통사고와 산업재해의 대부분은 눈에 보이는 형태로 발생하여 일단 사고가 일어나면 어떠한 인적 피해가 있고, 얼마나 금전적 손실을 초래하는지 예측할 수 있다. 그리고 대응책도 명쾌하다. 교통사고 위험을 줄이기 위해 자동 브레이크를 장착한 자동차를 구입하기도 하고, 산업재해를 방지하는 감시체제와 안전장치를 설치하는 것과 같은 대책을 마련하는 것도 가능하며, 거기에 소요되는 비용도 예측할 수 있다. 이와 같이 눈에 보이는 사고는 많은 사람들이 위해성과 편익의 균형을 직관적으로 생각할 수 있다.

이에 비해 화학물질과 관련된 문제는 눈으로 볼 수 없기 때문에 직관적인 이해가 어려운 것들뿐이다. 유해한 환경오염물질의 대표격인 POPs는 지구 전체를 순환하여 극 지역에도 도달하지만, 대기와 해수 속을 이동하는 POPs 분자를 육안으로 보는 것은 불가능하다. 또한, 어떠한 기술로 POPs분자를 포착하더라도 POPs가 극 지역에 살고 있는 사람들의 건강에 영향을 미치는 증거를 간단하게 포착할 수 없다. 이와 같이 눈으로 볼 수 없는 점이 화학물질을 둘러싼 문제를 이해하기 어렵게 만드는 본질이라 생각한다.

두 번째는 현대의 화학물질 문제의 대부분이 미약하면서도 넓게 퍼져 있다는 점이다. 인간의 몸속에는 항상 일정량의 화학물질이 존재하며, 측정함으로써 화학물질의 정체를 알 수 있다. 이러한 화학물질 때문에 우리 인간의 생리 상태는 극히 미약한 영향을 받고 있을지도 모른다. 개인으로는 미미한 영향이더라도 전 세계 대다수 사람들에게 미치는 영향을 모두 합하면, 사회 전체에 미치는 영향은 매우 커질 가능성도 있다.

그렇지만 이와 같이 넓고 미약한 영향은 일반적으로 과학적인 분석과 복잡한 통계 계산만으로 예측과 측정이 가능하다. 그러나 분석결과는 많은 예비지식과 전문적 지식이 없으면, 이해할 수 없는 경우가 대부분이다. 게다가 화학물질 이외의 원인이 있을 가능성을 부정할 수 없는 등 다양하게 해석할 수 있는 경우가 적지 않아 종종 논쟁의 원인이 된다.

세 번째는 화학물질이 초래하는 영향 평가는 평가하는 사람의 가치관에 따라 좌우된다는 것이다. 객관적인 사실과 데이터를 가지고 논의하는 과학의 세계에서도 사람의 가치관을 완전히 배제할 수 없다. 특히 환경 화학물질이 미치는 영향은 사람의 건강에 관련된 절실한 문제이지만, 사람들의 가치관과 선입견이 들어갈 여지가 많고, 동일한 데이터를 취급하더라도 해석에는 큰 차이가 생긴다. 이러한 가치관의 문제는 위해성과 편익의 균형이라는 총론에서 각론으로 들어갔을 때 쌍방의 평가에 무시할 수 없는 영향을 초래하여 종종 복잡한 문제를 일으킨다.

더욱 까다로운 것은 대상의 범위설정이다. 화학물질의 민감도는 생물에 따라 크게 차이가 나기 때문에 대상을 사람의 영역으로 할지, 조금 더 넓은 생물군으로 할지, 더욱 확대하여 생물에 머무르지 않고 지구환경 전반으로 확대할 것인가에 따라서 위해성의 평가와 대상도 크게 달라진다. 이와 같이 「지구를 떠도는 위험한 화학물질」이라고 하더라도 무엇이 어떻게 위험하고, 반대로 유용한지는 사람들 사이의 공통적인 척도가 반드시 존재하는 것은 아니라는 것이 문제의 이해를 어렵게 하고 있다.

이 책에서 소개한 위험한 물질은 어떨까?

이상을 정리하면, 인류가 만들어낸 화학물질의 영향 평가에는 다음과 같은 3가지의 본질적인 문제가 장해가 된다.

① 눈으로 볼 수 없다
② 환경에 희박하고 넓게 확산되어 그 영향을 파악하기 어렵다
③ 영향평가가 사람들의 가치관에 따라 크게 달라진다.

이 책에서 다루고 있는 「위험한 화학물질」을 예를 들어 생각해 보자.

대량의 순수한 POPs 물질을 유리병에 넣으면, 분말이나 액체의 형태로 눈에 보이지만 환경에 존재하는 양과 상태는 눈으로 볼 수 없다. 고도의 분석화학 기법을 이용해야만 비로소 그 존재를 감지할 수 있다. POPs는 과거에 대부분을 생산해온 선진국에만 머물러 있지 않고, 열대부터 극 지역까지 지구 전체에 넓고 희박하게 확산되어 존재하고 있다. POPs는 눈으로 직접 볼 수 없고, 넓고 희박하게 확산되어 있다는 점에서 앞에서 언급한 본질적인 문제의 첫 번째와 두 번째에 해당된다.

또한 POPs는 생물농축의 결과로 극 지역에 거주하는 사람들과 바다표범과 같은 해양포유류의 생식과 성장에 영향을 미친다는 우려도 있다. 한편 DDT와 같은 일부의 물질은 농약과 같은 특정 목적과 용도로 제한한다는 조건으로 스톡홀름협약(POPs 협약)의 적용에서 제외되어 왔다.

평소 환경문제에 관심을 가지고 있는 사람이라면, DDT의 협약

적용 제외를 중대하고 심각하게 생각하겠지만, 관심이 적은 사람들은 오히려 DDT의 경제적 효용을 높게 평가할지도 모른다. 이와 같이 POPs는 사람들의 가치관에 따라 평가 폭이 크다는 점에서 세 번째 문제에 해당된다.

또한 메틸수은을 비롯한 중금속의 환경오염에도 ①~③의 문제가 존재하며, 위해성과 편익을 평가하는 것은 간단하지 않다.

최근 국제적으로 관심이 높아진 마이크로플라스틱은 어떨까? 마이크로플라스틱은 크기에 따라서는 육안으로 보이지만, 해양에 존재하는 것은 대부분 그 존재를 알 수 없다. 이러한 이유로 해양에서 마이크로플라스틱 오염의 확산을 오랫동안 알지 못했던 것이다. 즉 마이크로플라스틱은 역시나 넓은 바다에서는 「눈으로 볼 수 없는 존재」라고 할 수 있다.

최근 들어 마이크로플라스틱도 해양에 넓고 희박하게 확산되어 있는 것이 밝혀지고 있다. 그러나 마이크로플라스틱의 영향은 아직 완전하게 밝혀지지 않았다. 유해한 화학물질의 운반 매체로서의 역할이 어느 정도인지, 그리고 어디까지 영향을 미치고 있는지는 전문가들 사이에서도 아직 과학적 사실로 공통적으로 인식하지 못하는 것 같다. 따라서 마이크로플라스틱은 가치관의 차이에 의해 심각한 대립이 일어나기 이전인 과학적 지식이 심화하는 단계라고 할 수 있다. 앞으로 조사와 연구가 진행되어 과학적인 공감대가 형성되면, POPs나 중금속과 마찬가지로 개인의 가치관 문제가 중요해질 것이다.

이와 같이 이 책에서 다루어진 위험한 물질 대부분이 눈으로 볼 수 없고, 희박하고 넓게 확산된다는 공통점이 있다는 것을 알 수 있다. 또한 어느 정도 지식이 축적되면 문제에 대한 개인의 가치관 차이도 선명해질 것이다. 이와 같은 화학물질과 우리는 어떻게 함께 살아가야 하는 것일까?

위해성 평가와 대책

이제 화학물질을 관리하는 구조를 조금 살펴보겠다. 일본에서는 화학물질심사규제법(정식 명칭은 「화학물질의 심사 및 제조 등의 규칙에 관한 법률」"화심법")이 있고, 유사한 규제로 유럽에서는 REACH (Registration, Evaluation, Authorisation and Restriction of Chemicals), 미국에서는 TSCA(Toxic Substances Control Act)가 있다. 최근에는 모든 선진국과 개발도상국까지 유사한 규제가 정비되었다. 이러한 규제 모두다 새로 제조되는 또는 이미 시장에 유통되는 물질의 독성을 동물실험 및 생물시험과 같이 정해진 방법에 따라서 조사하고, 사람과 생물의 노출량과 합쳐 위해성의 크기를 판정하는 구조이다. 판정된 위해성의 크기에 따라 물질의 용도와 유통에 제약을 가하게 된다. 이 책에서 소개한 POPs의 사례에서 대부분은 이러한 법과 제도로 규제되며, 스톡홀름협약으로 국제적인 화학물질관리가 운용되고 있다. 수은도 「수은에 관한 미나마타협약」으로 유사한 구조가 만들어지고 있다.

$PM_{2.5}$(초미세입자)는 국경을 넘어서 오염이 확산되는 월경오염물질이라는 인식이 일반적이며, 대기오염물질로 관리되고 있다. 유럽에는 국경을 넘는 장거리 대기오염물질에 관한 협약(LRTAP :

Convention on Long-range Trans-boundary Air Pollution)이라는 국가간 협약이 있고, 유럽에서 러시아에 이르는 각국이 협약 아래에서 서로 협력하여 $PM_{2.5}$와 같은 대기오염에 대한 조치가 이루어지고 있다.

동아시아에서는 같은 종류의 국가간 협약은 없지만, 월경대기오염에 관한 여러 국가들 사이의 공동연구는 잘 이루어지고 있다. 중금속 특히 대기를 통해 운반되는 미량원소의 관리제도는 각 국가별로 개별적 규제가 다양하게 이루어지고 있지만, 원소를 총괄하여 관리하는 조치는 없다. 하지만 LRTAP에서는 원소의 일부가 의정서에 따라서 총괄 관리되고 있다.

이와 같이 전 세계에서 지구를 떠도는 위험한 화학물질에 대한 규제가 이루어지고 있으며, 그 대부분은 다수의 물질과 용도에 대해 제대로 기능하고 있다. 다만 이러한 규제들만으로 충분하냐고 물으면, 실상은 그렇지 않다.

제2부에서 소개된 화학물질이 미치는 영향, 예를 들어 아이들의 발달에 영향을 미치는지 여부는 아직 완전히 해명되지 않았다. 생체의 면역기구에 미치는 영향도 많이 연구되었지만, 화학물질과 면역기구나 알러지의 관련성은 아직 확립되었다고는 할 수 없는 상황이다. 야생동물의 종 차이에 따른 대사능력의 차이가 독성에 미치는 영향에 대한 이해는 더욱 불충분하다. 이 경우는 생물의 종류가 많기 때문에 각 생물별로 영향을 받는 구조 기작이 다를 가능성도 있다.

여기서 거론된 아이들의 발달과 면역기구에 미치는 영향, 또는 야생동물의 대사기능에 미치는 영향은 앞에서 설명한 화심법과

REACH, TSCA에서는 거의 고려되고 있지 않다. 그러면 어떻게 하면 좋을까?

위험한 물질의 대응방법

위험한 물질의 대응방법이나 독과 약을 구분하는 방법에 대한 학자들의 답변은 대체로 정해져 있다. 서두에서 말한 것과 겹치지만, 환경화학 전문가들 답변의 최대공약수는 다음과 같이 집약된다.

「화학물질에는 유용한 용도가 많기 때문에 수많은 물질이 합성되어 사용된다. 따라서 화학물질이 주는 편익과 우려되는 위해성의 균형을 맞춰 사용하는 것이 올바른 것이다.」

저자도 학자의 한사람으로서 이 의견에 총론으로는 찬성한다. 그러나 각론은 그렇게 간단하지 않다.

학문으로서 화학물질의 위해성과 편익의 균형을 생각한다는 연구논문이 다수 존재한다. 이 논문들은 연구로서 흥미로운 것이 많으며, 우리에게 다양한 새로운 관점과 지혜를 전해준다. 앞으로도 이러한 연구는 발전해 나갈 것이고, 연구기관에 소속된 사람으로서 보다 깊고 넓은 연구가 전개될 것을 기원한다. 그렇지만 현재의 연구 성과가 사람들의 실생활에 도움이 되는지 묻는다면 즉각 "예스(YES)"라고 대답하지 못한다.

화학물질의 위해성과 편익을 생각한다는 연구에 대해 극히 대략적으로 설명하면, 이 연구들에서는 대체로 한 종류의 화학물질에 주목하여 주목한 물질의 위해성과 편익의 크기를 각각 어떠한 방법으로 계량한 후 서로 비교한다.

여기서 말하는 화학물질의 위해성은 이 책에서도 소개된 것처럼 눈으로 볼 수 없는 물질로 넓고 희박한 오염, 그 결과로 초래되는 유아와 소아의 발달 지연, 면역기구의 교란, 또는 야생동물의 대사에 미치는 영향에 대해 생각하는 것이다. 그러나 우리는 앞에서 거론한 영향들에 대해 모든 것을 완벽하게 파악하고 있는 것은 아니다. 그리고 과학적으로 충분하게 파악되지 않은 영향을 기존의 법 제도에서 관리하는 것은 어렵기 때문에 관리의 대상에서 제외될 수도 있다.

그러면 편익은 어떨까? 화학물질을 사용하는 것의 편익을 계량하는 과제는 실제 위해성을 계량하는 것 이상으로 어려운 과제다. 제조 기업이 물질을 생산하여 얻는 수익은 계산할 수 있다. 그렇지만 제조 기업의 수익은 그 물질이 사회에서 유통되면서 생기는 모든 편익을 반영하지 않는다. 즉 사회에서의 편익 전체를 정량화하는 것은 쉽지 않다.

앞에서 언급한 것처럼 위해성의 평가는 개인의 가치관에 따라 크게 달라진다. 이 책을 읽은 사람과 제목만을 본 사람들은 아마도 서로 다른 반응을 보일 것이다. 계량 방법을 정하지 않고, 그것에 대한 개인의 가치관에 큰 폭이 있는 현상을 정확히 계량하는 것은 아마도 어려울 것이다.

현재 상태에서는 부정확한 위해성과 편익의 계량을 거듭하더라도 해석의 정밀도는 높아지지 않고, 오히려 논의를 엉키게 하여 문제 해결을 더욱 어렵게 할 우려가 있다.

돌이켜 보면 미나마타병을 비롯한 화학물질이 원인이 되는 심각한 피해는 우리의 과학적 지식이 부족한데서 일어났다. 그리고 현재도 여전히 우리들은 이 책의 각 장에서 소개한 것처럼 완전한 지식을 갖고 있지 않다.

그렇다면 화학물질의 관리는 언뜻 보기에 정확하고 이론적인 접근뿐만 아니라 지식이 완전하지 않을 경우와 완전에 근접했을 경우에도 함께 적용할 수 있는 방법일 필요가 있다. 그 방법은 크게 나누어 3가지 정도의 접근 방법을 생각할 수 있다.

첫 번째는 특히 유럽에서 널리 인식되어 있는 예방원칙 또는 예방적 접근이라는 개념이다. 구체적으로는 모두 완전한 지식이 갖추어지지 않더라도 일정한 대책을 예방적으로 실시해야 한다는 것이다.

그러나 이 예방적인 개념에 강한 우려를 나타내는 사람도 있다. 아무런 과학적 근거가 없는데도 단지 무섭다는 이유만으로 의사결정을 하는 것은 불합리하다는 의견이다. 확실히 합리적 근거를 고찰하지 않은 예방적인 대응에는 저자도 반드시 찬성하는 것은 아니다. 그러나 모든 지식이 불확실하다면, 그 불확실의 정도와 영향을 논의한 후에 예방적인 조치를 하는 즉 일종의 과학적인 예방적 접근이라는 개념은 가능할 것으로 생각된다.

두 번째는 위해성을 평가한다는 접근 방법이다. 물질에 따라서는 과학적 지식은 나름대로 탄탄하다. 예를 들면 사람들이 발암물질을 받아들이는 방식은 대략 정해져 있다. 이와 같은 경우에는 위해성을 가능한 정량적으로 파악하여 그것을 바탕으로 과학적이며, 어떤 의미에서는 기계적으로 의사결정을 하는 구조이다.

세 번째는 일반인들의 감각을 수용한 의사결정이다. 이것은 일정한 과학적 지식이 있으나, 그 영향을 받아들이는 방식에서 사람들과 사회에서 서로 큰 차이가 있어 과학적 지식과 의사결정을 결부시키는 것이 어려운 경우를 가정하고 있다. 예를 들면 일본에서 십수년 전에 내분비계교란물질(환경호르몬)의 문제가 제기되었을 때의 상황이 여기에 가까웠던 것으로 생각된다. 이 경우는 과학적 지식에 대해 보다 일반인(또는 경우에 따라서는 산업계도 포함)의 감각을 수용한 접근이 필요하다.

이 3가지 접근 방법에서 첫 번째와 세 번째는 현재보다도 더 적극적인 시민의식의 활용, 즉 어떠한 종류의 민주적인 과정을 만들어 나가야 할 것이다. 그러나 여기서 민주적인 과정을 이용하기 위해서는 아마도 일반인들에게도 현재보다 더 확실한 지식이 필요하게 될 것이다.

대부분의 사람들은 「화학물질」이라는 말만 들어도 「뭔가 무서운 것」, 「귀찮은 것」이라는 인상을 가지거나 그 이전에 「나는 모르는 것」이라고 치부되어 사고가 정지되기도 쉬울 것이다. 이 때문에 학문과 연구에 종사하는 사람들은 보다 알기 쉽게, 이미 알고 있는 것이 무엇이며, 아직도 모르는 것이 무엇인지를 일반인들에게 전달하는 노력이 요구된다.

어느 정도 과학적 지식을 몸에 익힌 후에 필요한 것은 가장 먼저 거론한 위해성 평가의 세 가지 본질적인 문제의 인식이다.

① 눈에 보이지 않는다.
② 환경에 희박하고 넓게 확산되어 그 영향을 파악하기 어렵다.
③ 영향평가가 사람들의 가치관에 따라 크게 달라진다.

이러한 문제가 있는 것을 파악한 후에 전문가가 제공하는 신뢰할 수 있는 데이터를 일반인의 일상적인 감각으로 평가해 가는 것이다. 저자는 커뮤니케이션 분야의 전문가는 아니지만, 화학물질의 위해성 관리를 생각할 때 얼핏 먼 길을 돌아가는 것처럼 보이는 이러한 접근이 필요한 것이 아닐까? 라고 생각한다.

우리는 다양한 화학물질의 도움 없이는 유지할 수 없는 사회에 살고 있다. 한편 화학물질의 남용이 생물과 지구환경에 무시할 수 없는 피해를 주고 있는 것도 부정할 수 없다. 위해성과 편익을 비교하여 납득할 수 있는 선택지를 선택하기 위해서는 환경화학의 기본지식과 올바른 문제의식이 필요하다.

거기에는 지금 이상으로 시민감각을 살려가야 할 필요가 있는 것은 틀림이 없다. 그러기 위해서는 어떤 지식이 필요하고, 또한 전문가로서 무엇을 제시해 나가야 하는지 어떻게 관리해 나가야 하는지를 저자도 더욱 깊게 생각해야 할 것이다. 그리고 이 책의 독자 여러분이 이와 같은 고찰에 관심을 가져 준다면 저자로서는 더 없는 기쁨일 것이다.

(스즈키 노리유키鈴木規之 국립환경연구소 환경리스크·건강연구센터 센터장)

집필자 소개

프롤로그

시바타 야스유키柴田康行

1954년 후쿠오카현福岡県 출생
1997년 토쿄東京대학 이학부 졸업, 이학박사
현재 국립환경연구소 환경계측센터 펠로우(fellow)
전문분야 유기오염물질 분석, 원소의 화학형태 분석
동위원소 분석과 환경연구에 응용

제 1 장

타나베 신스케田辺信介

1951년 오이타현大分県 출생
1977년 에히메愛媛대학 농학부 졸업, 농학박사
현재 에히메愛媛대학 연안환경과학연구센터장, 특별영예교수(환경화학)
전문분야 유해물질의 지구와 생물의 오염실태 해명연구

쿠니스에 타츠야国末達也

1968년 미에현三重県 출생
2004년 에히메愛媛대학 대학원 연합농학연구과 수료, 박사(농학)
현재 에히메愛媛대학 연안환경과학연구센터 교수(환경분석화학)
전문분야 유해화학물질의 환경오염과 야생생물의 영향평가에 관한 연구

제 2 장

타카다 히데시게高田秀重

1959년 토쿄도東京都 출생
1982년 토쿄東京도립대학 이학부 졸업, 박사(이학)
현재 토쿄東京농공대학 농학부 환경자원과학과교수(환경오염화학)
전문분야 유해화학물질의 환경거동에 관한 연구

제3장

야마카와 아카네山川茜

1979년　효고현兵庫県 출생

2003년　코베神戸대학 이학부 졸업, 박사(이학)

현재　국립환경연구소 환경계측센터 주임연구원

전문분야　동위원소비 분석 방법을 이용한 환경거동해석

제4장

사카타 마사히로坂田昌弘

1953년　아이치현愛知県 출생

1976년　시즈오카静岡대학 이학부 졸업,

1979년　나고야名古屋대학 대학원 이학연구과 박사과정 중퇴, 이학석사

2019년까지 시즈오카静岡현립대학 식품영양과학부 교수

전문분야　유해미량원소의 환경거동에 관한 연구

제5장

후시미 아키히로伏見曉洋

1974년　카나가와현神奈川県 출생

2003년　요코하마横浜국립대학 대학원 공학연구과 박사과정 수료, 박사(공학)

현재　국립환경연구소 환경계측센터 주임원구원

전문분야　대기의 가스상·입자상의 유기성분 분석과 기원·거동해석

제6장

나카이 쿠니히코仲井邦彦

1957년　아이치현愛知県 출생

1982년　홋카이도北海道대학 수의학부 졸업, 학술박사

현재　토호쿠東北대학 대학원 의학계연구과 교수(발달환경의학)

전문분야　역학적 접근의 화학물질에 의한 건강 리스크 해석

제7장

오타 소우이치太田壯一

1956년 시즈오카현静岡県 출생

1981년 시마네島根대학 농학부 졸업,

1987년 오사카大阪대학 응용약학연구과 박사과정 수료, 약학박사

현재 세츠난攝南대학 약학부 교수(질병예방학)

전문분야 건강유해물질의 생체항상성 교란작용에 관한 연구

제8장

이시즈카 마유미石塚眞由美

1969년 토쿄도東京都 출생

1994년 홋카이도北海道대학 수의학부 졸업, 수의학박사

현재 홋카이도北海道대학 대학원 수의학연구원 교수(독성학)

전문분야 환경오염과 화학물질 민감도의 종의 차이에 관한 연구

에필로그

스즈키 노리유키鈴木規之

1961년 토쿄도東京都 출생

1984년 토쿄東京대학 공학부 졸업, 공학박사

현재 국립환경연구소 환경리스크·건강연구센터 센터장

전문분야 화학물질의 환경거동 해석과 리스크 평가·관리에 관한 연구

편집협력

이에다 테루요家田曜世

1979년 이시카와현石川県 출생

2002년 홋카이도北海道대학 수산학부 졸업

2004년 홋카이도北海道대학 대학원 지구환경과학연구과 석사과정 수료

현재 국립환경연구소 환경계측연구센터 연구원

전문분야 환경시료의 유해화학물질의 망라적분석 방법의 개발과 응용

참고문헌

제1장

※1 Ayotte P. et al. (1997) PCBs and dioxin-like compounds in plasma of adult inuit living in Nunavik(Arctic Quebec), *Chemosphere*, 34, 1459-1468.

※2 O'Shea T.J., Tanabe S. (1999) Persistent ocean contaminants and marine mammals : A retrospective overview, in "Marine Mammals and Persistent Ocean Contaminants : Proceedings of the Marine Mammal Commission Workshop(eds. by O'Shea T.J. et al.)", 84-88.

※3 磯部友彦, 國末達也, 田辺信介 (2009) 第1章 アジア-太平洋地域の化學汚染, 「分子でよむ環境汚染(鈴木聰 編著)」 東海大學出版會, 2-37.

※4 Simmonds M.P. (1991) Marine mammal epizootics worldwide, in "Proceeding of the Mediterranean Striped Dolphins Mortality International Workshop(eds. by Pastor X., Simmonds M.P.)", 9-19.

※5 Iwata H. et al. (1993) Distribution of persistent organochlorines in the oceanic air and surface seawater and the role of ocean on their global transport and fate. *Environmental Science & Technology*, 27, 1080-1098.

※6 Wania F., Mackay D. (1993) Global fractionation and cold condensation of low volatility organochlorine compounds in polar regions. *Ambio*, 22, 10-18.

※7 環境省 (2017) 「ダイオキシン類の排出量の目錄(排出インベントリー)について」 http://www.env.go.jp/press/103805.html

※8 Dahl P. et al. (1995) Absorption of polychlorinated biphenyls, dibenzo-p-dioxins and dibenzofurans by breast-fed infants. *Chemosphere*, 30, 2297-2306.

※9 Travis C.C., Hattemer-Frey H.A. (1991) Human exposure to dioxin. *Science of the Total Environment*, 104, 97-127.

※10 John P.J. et al. (2001) Assessment of organochlorine pesticide residue levels in dairy milk and buffalo milk from Jaipur City, Rajasthan, India. *Environment International*, 26, 231-236.

제2장

※1 Geyer R. et al. (2017) Production, use, and fate of all plastics ever made. *Science Advances*, 3, e170078.

※2 高田秀重, 山下麗 (2018) 海洋プラスチック汚染概論：研究の歷史, 動態, 化學汚染(特集 プラスチック汚染を上流で抑える), 用水と廢水, 60(1), 29-40.

※3 Carpenter E.J., Smith Jr. K.L. (1972) Plastic on the Sargasso Sea Surface. Science, 175, 1240-1241.

※4 高田秀重 (2017) 有害化學物質の輸送媒體としてのマイクロプラスチック,『海の溫暖化-變わりゆく海と人間活動の影響- (日本海洋學會編)』朝倉書店, 135-138.

※5 山下麗 ほか (2018) 海洋プラスチック汚染：海洋生態系におけるプラスチックの動態と生物への影響. 日本生態學會誌, 66, 51-68.

※6 Tanaka K., Takada H. (2016) Microplastic fragments and microbeads in digestive tracts of planktivorous fish from urban coastal waters. *Scientific Reports*, 6, 34351.

※7 高田秀重 (2017) マイクロプラスチックによる水環境汚染と生態系への影響(特集 水環境におけるマイクプラスチック), 水環境學會誌, 40, 344-348.

※8 シーア・コルボーン ほか (長尾力 譯) (2001)『奪われし未來(增補 改訂版)』. 翔泳社.

※9 Yamashita R. et al. (2018) Hazardous chemicals in plastics in marine environments：International Pellet Watch. in "Harzardous Chemicals Associated with Plastics in the Marine Environment(eds. by Takada H., Karapanagioti H.K.)", Springer International Publishing, 163-183.

※10 高田秀重, 大垣多恵(2018) インターナショナルペレットウォッチの市民科學としての役割, 水資源·環境研究, 31, 4-10.

※11 Tanaka K. et al. (2018) Transfer of hazardouschemicals from ingested plastics to higher-trophic-level organisms, in "Harzardous Chemicals Associated with Plastics in the Marine Environment(eds. by Takada H., Karapanagioti H.K.)", Springer International Publishing, 267-280.

※12 Rochman C.M. et al. (2013) Ingested plastic transfers hazardous chemicals to fish and induces hepatic stress. *Scientific Reports*, 3; 3263.

※13 Jambeck J.R. et al. (2015) Plastic waste inputs from land into the ocean. Science, 347, 768-771.

※14 Matsuguma Y. et al. (2017) Microplastics in sediment cores from Asia and Africa as indicators of temporal trends in plastic pollution. *Archives of Environmental Contamination and Toxicology*, 73, 230-239.

※15 高田秀重 (2019) プラスチックによる海洋汚染：脱プラスチックと持續可能な開發目標(SDGs) (特集 プラスチック汚染：海に廣がゐ脅威からの轉換), 科學, 89, 26-32.

제3장

※1 渡辺正 監譯 (2007)『元素大百科事典』朝倉書店.

※2 Kawahata H. et al. (2014) Heavy metal pollution in Ancient Nara, Japan, during the eighth century. *Progress in Earth and Planetary Science*, 1:15

※3 渡邊泉 (2012)『重金屬のはなし 鐵, 水銀, レアメタル』中公新書

※4 United Nations Environment Program(UNEP) (2013) "Global Mercury Assessment 2013 : Sources, Emissions, Releases and Environmental Transport"

※5 Historical coal data : coal production, availability and consumption 1853 to 2017
http://www.gov.uk/government/statistical-data-sets/historical-coal-data-coal-production-availability-and-consumption

※6 中地重晴 (2013)『水銀ゼロをめざす世界 水銀條約と日本の課題』態本日日新聞社

※7 西村肇, 岡本達明 (2001)『水俣病の科學』日本評論社

※8 United Nations(UN) Environment (2019) "Global Mercury Assessment 2018"

※9 Bergquist B.A., Blum J.D. (2007) Mass-dependent and -independent fractionation of Hg isotopes by photoreduction in aquatic systems. *Science*, 318, 417-420.

제4장

※1 J.E. アンドリューズ ほか(渡辺正 譯) (2005)『地球環境化學入門』シュプリンガー・フェアラーク 東京

※2 森田昌敏, 高野裕久 (2005)『環境と健康』岩波書店

※3 Sakata M. et al. (2008) Wet and dry deposition fluxes of trace elements in Tokyo Bay. *Atmospheric Environment*, 42, 5913-5922.

※4 IMF-World Economic Outlook Darabase
http://www.imf.org/external/pubs/ft/weo/2018/02/weodata/index.aspx

※5 Sakata M., Asakura K. (2011) Atmospheric dry deposition of trace elements at a site on Asian-continent side of Japan. *Atmospheric Environment*, 45, 1075-1083.

※6 Sakata M. et al. (2014) Contribution of Asian outflow to atmospheric concentrations of sulfate and trace elements in aerosols during winter in Japan. *Geochemical Journal*, 48, 479-490.

※7 Sakata M. et al. (2013) Effectiveness of sulfur and boron isotopes in aerosols as tracers of emissions from coal burning in Asian continent. *Atmospheric Environment*, 67, 296-303.

※8 Sakata M. et al. (2006) Regional variations in wet and dry deposition fluxes of trace elements in Japan. *Atmospheric Environment*, 40, 521-531.

※9 Sakata M., Asakura K. (2009) Factors contributing to seasonal variations in wet deposition fluxes of trace elements at sites along Japan Sea coast. *Atmospheric Environment*, 43, 3867-3875.

※10 Sakata M., Marumoto K. (2005) Wet and dry deposition fluxes of mercury in Japan. *Atmospheric Environment*, 39, 3139-3146.

※11 Kusunoki K. et al. (2012) Evaluating the contraibution of long-range transport of heavy metals from the Asian continent to their concentrations in sediment cores from Lake Shinji, western Japan. *Water, Air, & Soil Pollution*, 223, 1151-1160.

제5장

※1 伏見曉洋 ほか (2011) $PM_{2.5}$の實態解明に向けて-最新の研究と今後の課題-. 大氣環境學會誌, 46, 84-100.

※2 中西準子 (1995)『環境リスク論-技術論からみた政策提言』岩波書店

※3 環境省「微小粒子狀物質($PM_{2.5}$)に關する情報」
http://www.env.go.jp/air/osen/pm/info.html

※4 日本エアロゾル學會「$PM_{2.5}$に關するFAQ」
http://www.jaast.jp/PM2_5_faq

※5 國立環境研究所「環境數値データベース」
http://www.nies.go.jp/igreen/

※6 $PM_{2.5}$まとめ「全國の$PM_{2.5}$情報・豫報サイト」
http://pm25.jp/

※7 伏見曉洋 ほか (2018) 9.エアロゾルの炭素性成分分析, エアロゾル研究. 33,

183-194.

※8 伏見曉洋 (2018) 最新の大氣中$PM_{2.5}$の起源と稻わら等の野燒きの影響. 國立環境研究所ニュース, 36(6), 5-8.

※9 國立環境研究所 (2017)「$PM_{2.5}$の觀測とシミュレーション-天氣豫報のように信頼できる豫測を目指して」. 環境儀 No.64
http://www.nies.go.jp/kanko/kankyogi/64/64.pdf

※10 鵜野伊津志 ほか (2017) $PM_{2.5}$越境問題は終焉に向かっているのか? 大氣環境學會誌, 52, 177-184.

※11 世界の大氣汚染 : リアルタイム氣質指數ビジュアルマップ
http://aqicn.org/map/world/jp/m/

※12 國立環境研究所 (2018) 「未規制燃燒由來粒子狀物質の動態解明と毒性評價」國立環境研究所研究プロジェクト報告, SR-133-2018
http://www.nies.go.jp/kanko/tokubetu/pdf/sr-133.pdf

제6장

※1 坂本峰至, 安武章 (2011) 魚介類とメチル水銀について. モダンメディア, 57(3), 16-21.

※2 Grandjean P. et al. (1997) Cognitive deficit in 7-year-old children with prenatal exposure to methylmercury. *Neurotoxicology and Teratology*, 19, 417-428.

※3 Davidson P.W. et al. (1998) Effects of prenatal and postnatal methylmercury exposure from fish consumption on Child Development Study. *JAMA*, 280, 701-707.

※4 川本俊弘 (2013) 子どもの成長·發達に影響を与える環境要因を明らかにする取り組み : エコチル調査. 環境情報科學, 41(4), 16-20.

※5 Tatsuta N. et al. (2017) Effects of intrauterine exposures to polychlorinated biphenyls, methylmercury, and lead on birth weight in Japanese male and female newborns. *Environmental Health and Preventive Medicine*, 22:39.

※6 Tatsuta N. et al. (2017) Psychomotor Ability in children prenatally exposed to methylmercury : the 18-month follow-up of tohoku study of child development. *The Tohoku Journal of Experimental Medicine*, 242, 1-8.

※7 仲井邦彦 (2013) 魚介類攝取と化學物質ばく露のリスク. 脂質營養學, 22(1), 7-15.

※8 Zhao L-G. et al. (2016) Fish consumption and all-cause mortality : a meta-analysis of cohort studies. *European Journal of Clinical Nutrition*, 70, 155-16.

※9 Mazaffarian D., Rimm E.B. (2006) Fish intake, contaminants, and human health : evaluating the risks and the benefits. *JAMA*, 296, 1885-1899.

※10 津川友介 (2018)『世界-シンプルで科學的に證明された究極の食事』東洋經濟新報社.

제7장

※1 厚生勞働省「アレルギー疾患の現狀等(資料2)」
http://www.mhlw.go.jp/file/05-Shingikai-10905100-Kenkoukyoku-Ganshippeitaisakuka/0000111693.pdf

※2 高野裕久 (2009) 環境汚染物質によるアレルギー疾患の增惡. 日本衛生學雜誌, 64, 710-714.

※3 Takano H. et al. (2006) Di-(2-ethylhexyl) phthalate enhances atopic dermatitis-like skin lesions in mice. *Environmental Health Perspectives*, 114, 1266-1269.

※4 厚生勞働科學研究報告書「科學的根據に基づくシックハウス症候群に關する相談マニュアル(改訂新版)」
https://www.mhlw.go.jp/file/06-Seisakujouhou-11130500-Shokuhinanzenbu/0000155147.pdf

※5 山科正平 (2017)『新しい人体の教科書 下』講談社ブルーバックス

※6 角谷秀樹 ほか (2018)「タイオキシン類は芳香族炭化水素受容体を介して生体バリア破綻作用を示す」第27回環境化學檢討會予橋集

※7 Sonoda N. et al. (1999) Clostridium perfringens enterotoxin fragment remove specific claudins from tight junction strands : Evidence for direct involvement of cloudins in tight junction barrier. *The Journal of Cell Biology*, 147, 195-204.

※8 環境省「臭素系ダイオキシン類排出實態調查報告書(平成14~28年度)」
https://www.env.go.jp/chemi/dioxin/chosa/result_h28.pdf

※9 角谷秀樹 ほか (2013)「マウス授乳期のTCDD暴露の有無による免疫機能に對する毒性影響」第22回環境化學檢討會予橋集

제8장

※1 Hume I.D. (1982) The digestive physiology of marsupials. *Comparative Biochemistry and Physiology Part A* : Physiology, 71, 1-10.

※2 Fink-Gremmels J. (2008) The role of mycotoxins in the health and performance of dairy cows. *The Veterinary Journal*, 176, 84-92.

※3 Finlay F. (2005) Chocolate poisoning. *British Medical Journal*, 331, 933.

※4 Kondo T. et al. (2017) Uridine diphosphate-glucuronosyltransferase(UGT) 2B subfamily interspecies differences in carnivores. *Toxicological Sciences*, 158, 90-100.

※5 Kakehi M. et al. (2015) Uridine diphosphate-glucuronosyltransferase (UGT) xenobiotic metabolizing activity and genetic evolution in pinniped species. *Toxicological Sciences*, 147, 360-369.

※6 Saengtienchai A. et al. (2016) The African hedgehog(*Atelerix albiventris*) : Low phase Ⅰ and phase Ⅱ metabolism activities. *Comparative Biochemistry and Physiology Part C : Toxicology & Pharmacology*, 190, 38-47.

※7 Wirgin I. et al. (2011) Mechanistic basis of resistance to PCBs in Atlantic tomcod from the Hudson River. *Science*, 331, 1322-1325.

※8 Takeda K. et al. (2016) Novel revelation of warfarin resistant mechanism in roof rats(*Rattus rattus*) using pharmacokinetic/ pharmacodynamic analysis. *Pesticide Biochemistry and Physiology*, 134, 1-7.

※9 Ishizuka M. et al. (2007) Elevated warfarin metabolism in warfarin-resistant roof rats(*Rattus rattus*) in Tokyo. *Drug Metabolism and Disposition*, 35, 62-66.

※10 Lovett R.A. (2012) Killing rats is killing birds. *Nature*, doi:10.1038/nature.2012.11824

※11 Eason C.T. et al. (2002) Assessment of risks of brodifacoum to non-target birds and mammals in New Zealand. *Ecotoxicology*, 11, 35-48.

※12 Watanabe K.P. et al. (2010) Comparison of warfarin sensitivity between rat and bird species. *Comparative Biochemistry and Physiology Part C : Toxicology & Pharmacology*, 152, 114-119.

찾아보기

A

ASGM / 106, 107

C

CAMNet / 111
CAS / 4
CHL / 38
CYP1A / 204, 205

D

DDT(DDTs) / 19, 30, 32, 35, 37, 75, 228, 237, 241, 242
Decabromodiphenyl ether(DBDE) / 75, 76
DHA / 171, 183-185, 188
DL-PCB / 32
DOHaD / 207, 211

E

ecochil 조사 / 174
EPA / 112, 144, 184, 188

F

Filter / 148
Fleece / 60
flux / 38, 51

G

grasshopper 효과 / 39, 51

H

HCH / 37, 38, 75
homeostasis / 190

I

IgE항체 / 197
IgG항체 / 206
International pellet watch / 77-79, 254
IQ / 176-178

L

LD_{50} / 234, 235
legacy 오염 / 81
LRTAP / 243, 244

M

MDF / 118, 120
MDN / 111
methionine / 167
microplastic / 6, 59, 60
MIF / 119, 120

P

PBDE / 20, 75, 76, 85, 86
PCB / 19, 20, 28, 29, 32-36, 38, 40, 44, 46, 53, 75, 78-85, 174, 175, 229, 230
PCDD / 32
PCDF / 32, 46
PCP / 40
$PM_{2.5}$ / 142-162, 243, 244
POPs / 22, 24, 28, 32-40, 75, 76, 80, 82, 239, 241-243
POPs협약 / 29

R

Rachel Carson / 19, 30
REACH / 243, 245
resin pellet / 60

S

scrub / 17
SNP / 194
stomach oil / 86

T

TDI / 47, 206, 207
TEQ / 36, 41
tight junction / 200
TSCA / 243, 245

V

VKOR / 231, 232, 235

W

warfarin / 230, 232, 259

ㄱ

개방형 쓰레기 집하장 / 41, 43, 44, 48, 51
건강유해물질 / 190, 201
건식침적 / 24, 117, 134
게르치류 / 166
고브롬동족이성체 / 85
곰팡이 독 / 215
광화학반응 / 119
광환원반응 / 119
구토 / 46, 213, 224
그을음 / 147
글루크론산 전이효소 / 219, 223, 225, 230, 231, 237
글루타치온 전이효소 / 219
금속수은 / 92, 93, 112, 115, 119
급성독성 / 19, 22, 125, 126
기관지천식 / 197
기피물질 / 221

ㄴ

남방참다랑어 / 166, 180
내분비교란화학물질(환경호르몬) / 23, 69, 74, 248
노닐페놀(nonylphenol) / 74
눈다랑어 / 166, 180

ㄷ

다이옥신류 / 36, 40-51
다이옥신류 대책 특별조치법 / 40
대기부유입자 / 144
대기오염방지법 / 114
대사적 활성화 / 236
도로분진 / 152, 153
도파민(dopamine) / 191
돌고래 / 20, 28, 33, 35, 36, 164
동위원소분별 / 118, 119, 120
동위원소분석 / 117
들판 소각 / 152, 153, 154, 155, 161
디메틸수은 / 93
디젤 배기입자 / 147, 150
디젤자동차 배기가스 / 152, 153

ㅁ

마이크로플라스틱(microplastic) / 21, 53-56, 60, 62, 63, 65, 66, 70-73, 81, 88, 89
막전기 저항값 / 201, 202, 203
맹금류 / 235
멀티 컬렉터-유도결합플라스마질량분석기 / 120
메타게놈(metagenome) / 196
메틸수은 / 21, 93, 102, 103, 104, 107, 108, 110, 117, 125, 166-176, 178, 180, 181, 183, 185, 186
면역 / 189, 195, 196, 198
무기수은 / 92, 102, 103, 117, 125, 166
물범 / 28
미나마타병 / 21, 91, 102, 103, 104, 105, 113, 115, 121, 122, 166-169, 188, 247
미생물군 / 215

ㅂ

바다사자 / 28
바다코끼리 / 28

바세도우(Basedow)병 / 191
바이칼 물범 / 35
반추동물反芻動物(ruminants) / 214, 215
발달지수 / 176, 188
발암물질 / 144, 203, 236, 247
방사붕괴 / 118
방사성동위원소 / 118, 140
벤조트리아졸 / 74
벤조페논 / 74
벤조[a]피렌(B[a]P) / 150, 203, 204
복합 영향 / 190
부유입자물질 / 151
불포화지방산 / 48, 171, 183, 188
블랙카본 / 147
비소 / 103, 123, 125, 127, 130-133, 135-137
비타민K / 230-232

ㅅ

4대 공해병 / 121, 122
사염소화다이옥신류 / 203
사이토카인(cytokine) / 191
산화납 / 96
살충제 / 19, 37, 228, 229
생리활성물질 / 191, 197, 221-223
생물농축 / 24, 28, 76, 85, 102, 107, 117, 167, 183, 188, 237, 241
생체 항상성 / 190, 191
생체 항상성 교란 작용 / 194
석탄 / 101, 105, 108, 109, 112, 130, 133, 134, 138
세탁 찌꺼기 / 63
세포 사이의 접착 / 200
세포성 면역 / 195
소화관 / 68-71, 83, 104, 115, 167, 196, 199, 200, 204, 205, 214, 215
쇠부리슴새 / 67-70, 82-86
수송 시스템(transporter) / 167
수은 / 21, 91-115, 117-120, 164-166, 168, 170, 171, 174-176, 179, 181-183, 188
수은 아말감 / 94
수은 증기 / 97, 110, 115
수은 체온계 / 115
수은동위원소분석 / 117
수은에 관한 미나마타협약 / 113, 243
수질오탁방지법 / 113
스폰지 파편 / 63
슴새 / 82
습식침적 / 24, 117, 134
시궁쥐 / 233
시스테인 결합 / 167, 168
시토크롬 P_{450} / 204, 219-222, 228-232, 235-237
식품안전위원회 / 178, 180
신경생리학 검사 / 170
실내먼지 / 160
쓰레기 수집자 / 41

ㅇ

아세트산페닐수은 / 105
아세트알데히드 / 102-104, 218, 227
아토피성 피부염 / 192-194, 197
안정동위원소 / 108, 118
알데히드 탈수소효소 / 218, 219, 226, 227
알러지 / 192, 244
알러지 질환 / 192
알러지성 비염 / 192, 193, 197
알코올 탈수소효소 / 218, 219, 226, 227
알킬납 / 123
에어로졸 / 99, 134, 140
에이코사펜타엔산(EPA) / 184
역궤적분석 / 133, 134
연단술 / 96
예방적 접근 / 247
오메가-3계 불포화지방산(오메가-3 지방산) / 171, 183, 185
와파린 / 230-233
외래생물의 구제 / 234
요요 메커니즘 / 81
욧카이치시四日市 천식 / 102, 121, 122
원소상태의 탄소 / 147, 149
월경오염 / 121, 129, 131, 133-135, 138,

140, 141, 156, 157, 159
월류수越流水 / 63
유기수은 / 92, 102, 103, 125, 166, 167
유기주석화합물 / 36
유전적 요인의 변이설 / 193, 194
유칼립투스(eucalyptus) / 214
음식물 알러지 / 195, 197
이타이이타이병 / 121, 122
2차 입자 / 149, 152, 153, 156, 159, 161
일반 독성시험법 / 190
일본의 수은 소비량 / 114
1원자 산소첨가반응 / 219
1차 입자 / 152, 153
I형 알러지 / 197, 209
임신 / 47, 164, 172, 178, 185
입자상 수은 / 112

ㅈ

자동차 배기 / 140, 152, 155
저브롬동족이성체 / 85
전사조절인자 / 229
점막 방어벽 / 199-201
정규분포 / 176, 177
제1종 특정화학물질 / 22
제2미나마타병 / 102, 121
제I상 반응 / 218, 219, 236, 237
제II상 반응 / 218, 219
제II상 포합효소 / 221, 222, 229
제련製鍊 / 97, 101
조리 / 155, 156, 160, 161
종 차이 / 235, 244
주상퇴적물 시료 / 127-129, 138, 140, 141
주의 환기 / 164
줄무늬돌고래 / 28
중국 / 46, 64, 70, 96, 129-134, 138, 141, 142, 156, 157, 158, 160, 233
중금속 / 21, 113, 121-123, 125, 127-129, 133-138, 140-142, 244
중유연소 / 152, 153
취약 / 127, 230-235
즉시형 알러지 / 197
지방산 / 171, 175, 183, 185, 188
진사辰砂 / 94-97

ㅊ

참다랑어 / 166, 180
청새치 / 166, 180
체내환경 / 191, 196
체액성 면역 / 195
체외환경 / 191
최대무작용 농도 / 179
출생 체중 / 47
출생 코호트 조사 / 169-174
침묵의 봄 / 19, 30

ㅋ

카드뮴 / 21, 122, 123, 125, 128, 135-140, 150
코호트 조사 / 170, 172, 174, 176

ㅌ

태반胎盤 / 22, 34, 79, 168, 169, 173, 206
태아 / 22, 23, 41, 104, 141, 166, 168-173, 178, 185, 205, 206
태아성 미나마타병 / 168
테오브로민(theobromine) / 222, 223
토리첼리의 실험 / 93
토호쿠 코호트 조사 / 174, 176, 188

ㅍ

페로제도(Faeroe Island) / 169-171, 188
페트병 / 55, 56, 58, 66, 74, 89
편서풍 / 130, 156
폐기물 소각 / 152, 153
포켓(pocket) / 222, 236
포화지방산 / 188
폴리머(고분자) / 44, 57, 66, 73
폴리스틸렌 / 57, 58, 73, 88
폴리에틸렌(Polyethylene) / 57, 58, 88
폴리에틸렌테레프탈레이트(Poly ethylene terephthalate, PET) / 57, 58
폴리염화비닐 / 57, 58

폴리프로필렌(Polypropylene) / 57, 58, 88
폼페이 레드 / 96
프레스코 벽화 / 96
프탈산디에틸헥실 / 194
프탈산에스테르류 / 74
플라스틱 쓰레기 / 55-59, 70, 78, 83, 84, 90
피부 / 33, 79, 194, 196, 220
필수미량원소 / 125

ㅎ

하수처리 / 63
합류식 방식 / 63
항혈액응고계 / 230-232
해독효소 / 204, 205, 212, 218-223, 226, 229, 231, 236
혈액-뇌관문 / 167, 168, 217
형광등 / 91, 94, 114, 115
호르몬 / 22, 74, 191, 222, 228
홍감펭 / 166
화학물질심사규제법(화학물질의 심사 및 제조 등의 규제에 관한 법률<화심법>) / 243
환경기본법 / 113
환경기준 / 74, 113, 127, 145, 151, 159-161, 189
환경 잔류성 / 21, 22, 79
황돔 / 166, 180
황산전이효소 / 219
황새치 / 166, 180
황화물 / 92

역자 주요 경력

김영일 한국해양과학기술원/책임연구원, 홋카이도대학(이학박사) : 화학해양학
김성수 해양환경공단 해양환경조사연구원장, 부경대학(이학박사) : 화학해양학
조현서 전남대학교/교수, 오사카대학(공학박사) : 환경해양학

역자 주요 번역서

바다와 호수의 빈영양화 문제(2019)
환경오염화학-생태계내에서 유기오염물질의 거동(2018)
수권의 방사능 오염-후쿠시마의 수산업 부흥을 지향하며(2016)

지구를 떠도는 위험한 물질
전 세계로 확산하는 화학물질의 영향

인 쇄 | 2020년 11월 25일
발 행 | 2020년 11월 30일

편 저 | 일본환경화학회
역 자 | 김영일·김성수·조현서
발행인 | 정병석
발행처 | 전남대학교출판문화원

등 록 | 1981. 5. 21. 제53호
주 소 | 61186 광주광역시 북구 용봉로 77
전 화 | (062) 530-0571~2
마케팅 | (062) 530-0573
팩 스 | (062) 530-0579
홈페이지 | http://www.cnup.co.kr
이메일 | cnup0571@hanmail.net

값 15,000 원

ISBN 978-89-6849-746-9 (93430)

이 도서의 국립중앙도서관 출판예정도서목록(CIP)은 서지정보유통지원시스템 홈페이지(http://seoji.nl.go.kr)와 국가자료종합목록 구축시스템(http://kolis-net.nl.go.kr)에서 이용하실 수 있습니다.
(CIP제어번호: CIP2020048493)